MINISTÈRE DE L'AGRICULTURE ET DU RAVITAILLEMENT

AVANT-PROJET

D'UN

PROGRAMME AGRICOLE

TENDANT

À L'INTENSIFICATION DE LA PRODUCTION

ET À LA RÉFORME

DES MÉTHODES ADMINISTRATIVES

PARIS

IMPRIMERIE NATIONALE

MDCCCCXIX

AVANT-PROJET

D'UN

PROGRAMME AGRICOLE

TENDANT

À L'INTENSIFICATION DE LA PRODUCTION

ET À LA RÉFORME

DES MÉTHODES ADMINISTRATIVES

MINISTÈRE DE L'AGRICULTURE ET DU RAVITAILLEMENT

AVANT-PROJET

D'UN

PROGRAMME AGRICOLE

TENDANT

À L'INTENSIFICATION DE LA PRODUCTION

ET À LA RÉFORME

DES MÉTHODES ADMINISTRATIVES

PARIS

IMPRIMERIE NATIONALE

MDCCCCXIX

AVANT-PROJET

de

PROGRAMME AGRICOLE

concernant

L'ORGANISATION DE LA PRODUCTION

ET LA VENTE

DES PRODUITS AGRICOLES

PARIS

IMPRIMERIE NATIONALE

TABLE DES MATIÈRES.

[illegible]

[illegible]

AVANT-PROPOS.

Quelques mots sont nécessaires pour exposer les circonstances dans les-
quelles ont été conçus le programme agraire et le plan de réorganisation
administrative, qui font l'objet de la présente étude, et qui vont être inces-
samment soumis au Parlement.

A mesure qu'une année de guerre venait s'ajouter à la précédente, la
tâche des cultivateurs restés à la terre devenait plus difficile, pour ne pas
dire insurmontable. Seule, l'aide de l'État pouvait permettre de maintenir
une certaine activité dans la production.

Mais quand il fallut mettre cette aide en œuvre, il apparut bien vite que
le Ministère de l'Agriculture, tel qu'il était organisé en temps de paix,
n'était pas préparé à la donner.

Il fallut donc créer des organes et des rouages nouveaux : Service de la
Main-d'Œuvre agricole, Service de la Motoculture, Service de la Production des pommes de terre et des légumes secs, pour n'en citer que quel-
ques-uns. Enfin, pour donner une impulsion méthodique à tout ce méca-
nisme nouveau, et pour assurer la cohésion entre celui-ci et les Services
anciens, le Ministre de l'Agriculture et du Ravitaillement fit appel à la
compétence et à l'autorité de MM. Compère-Morel, Cosnier et Le Rouzic,
qui acceptèrent, dans les heures les plus graves, les fonctions redoutables
de Commissaires à l'Agriculture, et qui apportèrent à la réalisation de
l'œuvre commune une foi inlassable et tout le dévouement que l'on doit au
salut de la Patrie,

Le Parlement n'hésita pas à leur accorder les crédits nécessaires à l'accomplissement de leur mission. Possédant une plus grande liberté d'action
que les bureaux de l'Administration centrale, les Commissaires à l'Agriculture purent entrer plus directement en rapport avec le monde agricole, et
apprécier plus aisément les besoins à satisfaire d'extrême urgence.

Pendant la guerre, il fallait produire à tout prix, pour la sûreté du pays.
Aujourd'hui, après la victoire, il faut se mettre au travail pour surproduire,
pour donner à la France, avec la richesse, la puissance et l'indépendance
qui lui sont dues après plus de quatre ans de glorieuses souffrances.

Or, pour bien travailler, il faut avoir un but et un plan de travail; l'un
et l'autre sont l'objet du projet qui est exposé dans les pages suivantes.

2.

AVANT-PROJET

D'UN

PROGRAMME AGRICOLE

TENDANT

À L'INTENSIFICATION DE LA PRODUCTION

ET À LA RÉFORME

DES MÉTHODES ADMINISTRATIVES.

La diminution de notre production agricole nous a fait connaître, depuis 1914, les plus réelles, les plus poignantes angoisses.

Mais de même qu'en pleine lutte, pendant les heures les plus difficiles, la France a organisé ses forces militaires et a pourvu ses armées, grâce à une fabrication intense et toujours accrue, des engins les plus modernes et de munitions devenues inépuisables, de même les gouvernements successifs ont organisé les forces agricoles pour produire quand même, malgré les obstacles accumulés par la guerre, malgré la rareté de la main-d'œuvre, malgré la pénurie des engrais et des machines. C'est ainsi que les moyens de produire disponibles ont été réservés à ceux qui se sont consacrés aux cultures indispensables. Grâce à l'orientation qui a été, de cette sorte, donnée à la politique agricole par les commissions parlementaires et par les divers ministres de l'agriculture, l'intervention de l'État, qui eût paru en d'autres temps tracassière et inopportune, s'est au contraire révélée comme acceptable et réellement efficace. Elle s'est en effet manifestée par les avantages qu'elle seule pouvait assurer et consentir, par les mesures dont elle seule encore pouvait réaliser l'application à la fois ferme et équitable. Mais si elle a pu donner tous les effets qu'on en pouvait espérer, tandis que la prolongation de la guerre multipliait les difficultés, la France en est redevable à l'inlassable activité des pouvoirs locaux, des comités départementaux et communaux, des maires, des associations agricoles, et surtout à la vaillance des femmes, des adolescents et des vieillards qui n'ont pas voulu laisser périr notre terre.

Cette activité nouvelle, commencée dans la guerre, ne devra pas cesser avec elle.

Suivant une formule qui devient heureusement chaque jour plus populaire, même dans les milieux où l'agriculture était considérée comme une profession inférieure, chacun reconnaît maintenant qu'elle est notre première industrie nationale, qu'il convient de développer sans aucun retard.

Nul ne peut en effet contester que si la nature ne nous permet pas les mêmes « possibilités industrielles » qu'à nos concurrents de demain, alliés ou ennemis d'aujourd'hui, elle nous a généreusement dotés — et beaucoup plus largement qu'eux — de « possibilités agricoles ».

Avantage précieux que nous devons à la fertilité de notre sol, à la douceur et à la diversité de notre climat, merveilleusement utilisées par une race admirablement douée pour les travaux de la terre.

Pour exploiter complètement cet avantage, il faut que l'agriculture ait pour but non pas une production limitée par le seul travail de l'homme, mais une production toujours accrue par la science, par l'emploi des forces qu'elle met au service de toutes les autres industries.

Il ne faut d'ailleurs pas oublier que ces autres industries ne se reconstitueront que si l'agriculture est prospère.

Au lendemain de la guerre, c'est elle seule en effet qui pourra fournir les exportations nécessaires au relèvement de notre change, donnant ainsi la possibilité d'acquérir à l'étranger les matières premières qui nous font défaut.

C'est elle qui gonflera de nouveau le bas de laine où s'accumuleront les capitaux de notre nouvelle fortune, et qui sera ainsi la base la plus solide du relèvement de nos finances.

Mais elle ne pourra accomplir cette mission de reconstitution et de consolidation de notre richesse que si elle est organisée en vue de la surproduction.

Il faut en effet surproduire pour accroître jusqu'au maximum possible la quantité des produits indispensables à la vie nationale et celle des produits qui se vendent à l'étranger à prix élevés, car l'on n'est vraiment riche que si l'on dispose non seulement du nécessaire, ou même de l'abondance locale, mais encore du superflu indispensable à une exportation active et méthodique.

Or, être riche, c'est être fort chez soi et à l'extérieur, c'est, en disposant de la puissance économique, assurer le libre et entier développement de la nation.

Possibilité d'une renaissance agricole. Influence de la guerre.

Contre ces idées, contre l'évolution qu'elles impliquent, bien peu nombreux seront ceux qui oseraient invoquer le respect immuable de l'esprit de tradition si cher à nos campagnes.

C'est qu'en effet la guerre a été, pour les cultivateurs soldats, non seulement une école d'héroïsme, mais aussi tout simplement une école.

Depuis plus de quatre ans, les ruraux mobilisés sont vraiment des déracinés, arrachés à l'ambiance du milieu natal. Mais à l'inverse de ceux que l'on pourrait appeler des déserteurs de la terre, parce que, en pleine paix, ils abandonnaient volontairement la ferme familiale, le village paternel, les cultivateurs soldats gardent tous, avec le désir de retrouver leur foyer, l'amour de leur terre. L'abnégation avec laquelle ils ont dominé ces sentiments constitue une grande part du sacrifice qu'ils ont si entièrement offert à la Patrie.

La camaraderie, créée par la communauté des peines et des périls, a adouci, pour tous les mobilisés, pour tous les combattants, l'amertume des renoncements. Mais elle a eu un autre effet, qui est que, par elle, les Français se sont mieux connus. Et les cultivateurs de toutes les régions de la France, plus ou moins longuement réunis dans un dépôt ou dans un régiment et même, hélas ! dans un hôpital ; ont pu, dans leurs causeries, s'instruire mutuellement sur les productions et sur les méthodes de culture et d'élevage des diverses contrées de notre pays. Ils ont pu les comparer entre elles, apprécier celles qu'ils ne connaissaient pas, préparer dans leur esprit les innovations et les perfectionnements inspirés par l'accroissement de leurs connaissances.

Et ce n'est pas seulement par la causerie que cet accroissement s'est produit. Dans toutes les régions qu'ils ont traversées, dans tous les endroits où ils ont séjourné, la curiosité naturelle du rural pour les choses de la terre les a incités à bien regarder autour d'eux, à se rendre compte de l'état des cultures, de celui de l'élevage, ainsi que des procédés de travail.

Puis, dans leur tâche de soldats, de travailleurs militaires, ils ont appris à conduire des automobiles, à installer des lignes téléphoniques, à manœuvrer des perforeuses; ils ont posé des appareils d'éclairage, ils ont fait fonctionner des projecteurs; bref, ils se sont familiarisés avec la mécanique, et ils ont ainsi compris toute l'aide que l'homme peut tirer des forces qui suppléent à son travail, ou le rendent infiniment plus productif.

Enfin, ils ont appris à connaître la lecture. A la campagne, en temps de paix, le livre n'était pas un compagnon très recherché, et c'est à peine si le journal était mieux accueilli. Au front, les longues heures passées dans la tranchée, celles des repos au cantonnement, ne pouvaient pas être toutes remplies par la causerie. C'est alors que chaque soldat a pu comprendre la mission du livre, qui est de distraire souvent, de consoler quelquefois, et enfin d'instruire. Après avoir lu pour chasser l'ennui et les idées noires, le cultivateur mobilisé a cherché à faire un choix dans ses lectures; et, de lui-même, il a donné la préférence aux ouvrages, aux articles de journaux qui traitaient de sa professsion et de ses travaux. Son esprit, en quelque sorte replié sur lui-même quand il ne lisait pas ou qu'il lisait peu, s'est ouvert par les lectures poursuivies pendant la guerre, et par toutes les connaissances acquises au cours des déplacements et des causeries.

A l'arrière, le rural resté à la terre a connu une forme de l'intervention de l'État, qui lui était jusqu'à présent étrangère.

Lui seul n'aurait jamais pu maintenir sa terre en culture. Or, s'il y est tant bien que mal parvenu, c'est que l'État l'a soutenu, tant dans son propre intérêt que pour celui de la collectivité.

Certes, cela ne s'est pas fait, au moins à l'origine, sans quelques froissements. Du moins, le rural s'est-il habitué à l'intervention de l'État, et a-t-il compris que celui-ci n'était pas seulement un collecteur d'impôts et un distributeur de parcimonieuses subventions, mais véritablement l'agent autorisé de direction et de protection pour tous les membres de la nation.

A l'heure présente, et mieux que jamais, la nécessité de la rénovation de la production agricole, sous l'impulsion méthodique des organes directeurs de cette production, sera comprise de la quasi-unanimité des cultivateurs.

Il faut enfin retenir ce fait très important qu'à tous les cultivateurs, et même à beaucoup de citadins, la guerre a rappelé la valeur de notre terre, qui reste notre plus sûre et notre plus abondante source de richesse.

*
* *

L'intervention active de l'État étant admise, parce qu'en temps de guerre elle a été indispensable, et parce qu'en temps de paix elle seule peut assurer la continuité d'un programme donné, il convient d'en déterminer la *nature* et les *modalités*.

Quant à la *nature*, l'intervention a consisté, jusqu'à présent, surtout dans *l'encouragement*, auquel s'oppose *l'obligation*, que certains préconisent.

Pour la surproduction qu'il faut entreprendre dès aujourd'hui, l'encouragement seul ne suffit plus. Il peut figurer dans le système qu'il s'agit d'organiser, il ne peut pas en constituer la base et le principe. Ou bien, s'il était tenu pour tel, il ne serait plus possible de le conserver dans sa forme actuelle, c'est-à-dire constitué par des subventions, des allocations, même des secours, dont le total paraît imposant, mais qui, après répartition, n'apportent qu'une aide infinitésimale à chaque bénéficiaire. Pour que l'encouragement reste le principal stimulant de la production, l'agent primordial de la surproduction, il faudrait décupler le montant des subsides actuellement accordés, et

faire de chaque groupement agricole, de chaque agriculteur, un créancier de l'État. Pas un instant, il ne peut être question de se rallier à un système aussi dangereux.

D'autre part, c'est non seulement la valeur matérielle de l'encouragement, c'est aussi sa valeur morale intrinsèque qui s'est un peu affaiblie. Pris en soi-même, dépouillé de toutes les conditions dont la loi l'entoure, l'encouragement n'est, en dernière analyse, qu'une *faveur* accordée sans doute aux plus intéressants, aux plus méritants, mais qui a néanmoins un caractère aléatoire. En d'autres termes, celui qui entreprend un travail a, sans plus, le droit de travailler, le droit d'être justement rémunéré, et si l'État lui vient en aide par une récompense, par une prime, par un secours, ce n'est pas parce qu'il reconnaît au bénéficiaire de l'encouragement un droit véritable, celui d'être encouragé, mais parce qu'il entend le favoriser, souvent pour enrayer la décadence ou empêcher la disparition d'une industrie ou d'une culture. Cela est tellement vrai que fréquemment le moment où une prime est accordée à une culture correspond au moment où cette culture a cessé d'être lucrative par elle-même, où il n'est plus intéressant pour un particulier de la continuer.

Pourtant, il ne faut pas condamner l'encouragement. Il faut le transformer, le combiner avec d'autres moyens d'action, en le réservant pour les cas où une mesure d'exception, faveur ou récompense, peut être réellement efficace.

Quant à l'obligation, elle apparaît comme une grave atteinte à l'esprit de nos institutions, car elle constitue une indéniable diminution du droit de propriété. Pour obtenir la quantité maxima d'un produit déterminé, il peut paraître très simple d'obliger le propriétaire ou l'exploitant à consacrer à la culture de ce produit une quotité légale de surface, et l'on peut même faire valoir en faveur de cette obligation un argument qui n'est nullement négligeable. L'on peut dire en effet, non sans raison, que si la propriété a pour essence le droit d'user et d'abuser, seul, le droit d'user mérite d'être respecté, tandis que le droit d'abuser, ou plutôt de mésuser, ne saurait plus être toléré.

Mais en fait le nombre des propriétaires et des exploitants, auxquels on peut adresser le reproche de mésuser, n'a pas cessé de décroître depuis un siècle, puisque la somme des travaux d'améliorations, ainsi que le chiffre des rendements des productions essentielles, ont été en progression constante. Donc, dans le cours du XIXe siècle, l'action de l'intérêt bien entendu s'est exercée seule, avec des résultats satisfaisants. Assurément, il faut obtenir encore davantage; mais l'expérience du passé apporte de façon décisive la preuve réconfortante qu'il suffit, pour préparer l'avenir agricole, de diriger et d'aider l'initiative des cultivateurs, et qu'il est inutile et peut-être dangereux de vouloir la soumettre à la contrainte.

Toutefois, pas plus que l'encouragement, il ne faut condamner absolument l'obligation. Elle seule peut être efficace dans les cas, heureusement très rares, d'égoïsme ou de routine irréductibles. Elle peut consister, par exemple, dans la défense d'insérer dans les baux des clauses interdisant l'emploi d'engrais chimiques, ou interdisant d'entreprendre telle ou telle culture industrielle (betteraves à sucre, lin), ou encore dans la défense de réserver des étendues importantes de terrain à la chasse, en ne les améliorant pas, de telle sorte qu'elles restent en friche ou ne portent que des cultures médiocres.

La véritable forme de l'intervention de l'État doit être la *collaboration*. Dans l'œuvre commune de la renaissance agricole, chaque cultivateur apporte son intelligence, son inépuisable bonne volonté, son travail quotidien, et, s'il est salarié, ses forces physiques et la connaissance de son métier. L'État doit coordonner le rendement de tous ces apports. Dans la France entière, lui seul a le moyen d'être renseigné sur les besoins de la consommation nationale et sur ceux de l'exportation; c'est donc lui qui, en s'entourant de toutes les garanties techniques désirables, doit établir le programme de la production, et qui doit préparer et assurer l'exécution de ce programme. C'est dire qu'il doit sa collaboration effective, par le conseil, par l'aide morale et matérielle, par l'appui de son autorité, à tous les particuliers qui travaillent nettement dans le sens du progrès agricole. Il doit être leur collaborateur, parce que, volontairement, ils se sont faits les siens. A tous ceux que son enseignement et sa propagande auront amené à lui, il assurera et réservera tout ce qu'il peut donner comme protection, comme soutien et comme encouragement; pour eux, il sera un associé sûr et désintéressé. Il doit s'efforcer, par l'exemple et la persuasion, de ramener à de meilleures méthodes et à une plus saine compréhension de leurs intérêts, les indifférents, les indolents et les routiniers. Enfin, pour les égoïstes incorrigibles, dont l'entêtement est en somme un manquement envers la patrie, il agira, le cas échéant, sinon par l'obligation, du moins par le refus des avantages concédés aux autres agriculteurs.

Les hommes de bonne volonté comprendront bien vite les avantages d'un tel système, et il n'est pas douteux qu'à la fin, devant les résultats qu'ils obtiendront, grâce à la collaboration existant entre eux et l'État, il ne se crée dans l'esprit des hésitants une quasi-obligation de les imiter, pour ne pas trahir leurs propres intérêts patrimoniaux.

La nature de l'intervention de l'État étant ainsi définie, il convient à présent d'en rechercher les modalités. En d'autres termes, il faut exposer l'ensemble du programme agraire, et montrer comment l'État, après avoir établi ce programme, doit assurer, par ses organes et par ses moyens d'action, la collaboration qui en permettra la réalisation.

En ce qui concerne les organes administratifs ou quasi-administratifs, ainsi que les moyens qu'ils mettent en œuvre, une réforme fragmentaire, qui n'intéresserait pas toute l'administration agricole, mais seulement tel ou tel service, telle ou telle institution, ne serait d'aucun secours, parce que l'action sur le producteur, principal ouvrier de la surproduction, doit être constante et raisonnée, et ne peut être obtenue suivant ces deux conditions que par une entente parfaite, par une cohésion absolue entre tous les organes dépendant du Ministère de l'Agriculture.

D'autre part, et toujours parce que le but proposé est l'action, et plus exactement l'activité industrielle, la réforme à réaliser ne doit pas être entreprise en concevant d'abord un cadre administratif, où les questions seraient ensuite classées plus ou moins arbitrairement.

Au contraire, il faut régler le cadre administratif sur les éléments de la production qui sont :

Le produit ;

Les moyens de produire ;

Le producteur.

Ce sont donc ces éléments qui devront être tout d'abord successivement examinés.

Nécessité d'un programme agraire.

LE PRODUIT.

D'après les leçons de la guerre et les nécessités de l'après-guerre, l'intensification de la production doit tendre vers deux résultats primordiaux :

Garantir la sécurité alimentaire de la nation;

Utiliser dans une progression continue les ressources du pays, pour maintenir et accroître sans cesse sa richesse.

A ce double point de vue, il faut donc choisir entre les produits de culture ou, plus exactement, il faut les classer, pour en établir la hiérarchie.

On arrivera ainsi, logiquement, à dégager plusieurs catégories principales :

Tout d'abord, celle des produits de grande utilité, des produits essentiels, dont la culture est nécessaire, non seulement à la prospérité, mais aussi à la sécurité du pays;

Puis celle des produits intéressant surtout et très notablement le développement économique national;

Enfin, celles des produits dont on ne peut dire qu'ils ne sont que tolérés, mais qui ne peuvent être l'objet que d'encouragements limités.

D'après ces données, la première mesure à prendre est d'établir un plan de production, qui doit être conçu non pas d'après les données de telle ou telle doctrine économique ou agronomique, mais d'après les possibilités maxima de rendement des diverses cultures dans les diverses régions. Ces possibilités sont déjà bien connues, et il faut désormais en tenir compte beaucoup plus qu'on ne l'a fait jusqu'à présent.

Par exemple, la culture du blé est tellement traditionnelle chez nous, qu'elle est classique, si l'on peut dire, non seulement dans les régions de véritable terre à froment, mais encore dans des contrées où vraiment le rendement du sol ensemencé en blé ne peut être que médiocre. C'est le cas notamment dans les pays montagneux, où le sol et plus particulièrement le climat ne peuvent satisfaire pleinement aux besoins d'une céréale aussi exigeante que le froment, et où il serait beaucoup plus rationnel d'ensemencer du seigle qui donnerait un rendement beaucoup plus satisfaisant.

C'est cette répartition méthodique des cultures suivant la nature des terres qui a permis aux pays étrangers, pratiquant déjà l'agriculture industrielle, d'élever si remarquablement le rendement en quintaux à l'hectare pour toutes les cultures essentielles. L'Allemagne, dit-on, avait en 1880 un rendement de 11 qx. 8 à l'hectare pour le blé, et à la même époque, notre rendement était à peu près équivalent (11 qx. 07); or, dans la période décennale 1904-1913, le rendement moyen allemand est de 20 qx. 3, tandis que le nôtre est de 13 qx. 52. Mais si l'Allemagne a presque doublé son rendement à l'hectare, tandis que le nôtre variait très peu, cela tient à ce que, loin de chercher à étendre la surface ensemencée en blé, l'agriculture d'Outre-Rhin n'a consacré au froment que des terres véritablement appropriées à cette culture, en employant tous les procédés, tous les engrais, toutes les améliorations permettant d'obtenir des résultats presque parfaits.

La
répartition
de la
production.

3.

La comparaison est encore plus éloquente si l'on considère d'autres plantes que le blé, par exemple le seigle, l'avoine ou les pommes de terre :

AVOINE.

	1880.	1904-1913.
France (quintaux).............	11,09 à l'hect.	12,42 à l'hect.
Allemagne...................	11,30 à l'hect.	18,6 à l'hect.

SEIGLE.

	1880.	1904-1913.
France :...................	9,71 à l'hect.	10,67 à l'hect.
Allemagne.................	6,40 à l'hect.	17 à l'hect.

POMMES DE TERRE.

	1880.	1904-1913.
France...................	74,41 à l'hect.	87,64 à l'hect.
Allemagne.................	70,50 à l'hect.	132,1 à l'hect.

La Belgique et le Danemark, qui ont adopté le principe de la répartition rationnelle des cultures, ont obtenu des résultats encore plus favorables que l'Allemagne. En Danemark, le rendement en blé passe de 15 qx 75 en 1880 à 29 qx 60 en 1912 ; celui du seigle passe de 15 qx 8 en 1880 à 17 qx 50 en 1912 ; celui des pommes de terre de 86 quintaux en 1880 à 175 qx. 2 en 1912.

En Belgique, le rendement du blé est de 15 qx 29 en 1880, et de 25 qx. 70 en 1913 ; celui du seigle est de 14 qx 4 en 1880, et de 20 qx 9 en 1913 ; celui de l'avoine, de 16 qx. 14 en 1880 et de 23 qx. 92 en 1913 ; celui des pommes de terre, de 122 quintaux en 1880, et de 216 quintaux en 1913.

Les deux règles de la culture rationnelle. Le principe à dégager de cet exposé se résume dans la règle : *A chaque terre sa vraie culture.* Par son application, non seulement nos approvisionnements en céréales panifiables et en pommes de terre se trouveront accrus, mais il en sera de même pour l'avoine et pour les fourrages. Il sera ainsi possible de nourrir un plus grand nombre d'animaux et d'avoir plus de lait, plus de viande, plus de fumier.

La même règle s'applique naturellement aux plantes dites «industrielles», telles que la betterave à sucre, le lin, etc., avec des conséquences analogues pour l'ensemble de notre situation économique.

Cette règle se complète par sa réciproque : *à chaque culture, toute la terre qui lui est propre.* Autrement dit, s'il ne faut consacrer à une culture essentielle que le sol où elle peut prospérer complètement, il faut qu'en revanche elle se voie attribuer intégralement tout ce sol. C'est une condition primordiale de l'établissement du plan national de production.

Pratiquement, cela revient à dire que la nature des terres d'une région étant connue, les organes régionaux et locaux de l'administration agricole devront exercer leur action, c'est-à-dire mettre en œuvre la collaboration de l'État, de façon à ce que soient attribuées à chaque culture essentielle la surface et la qualité de terre qui lui sont dues.

Nul doute qu'au bout de quelques années l'utilisation vraiment rationnelle du sol constamment amélioré, l'emploi judicieux des moyens de production, en un mot l'organisation méthodique du travail poursuivie sous l'impulsion et avec l'aide de l'État, ne parviennent à porter le rendement à l'hectare, pour toutes les cultures essentielles.

aux chiffres actuellement obtenus par nos concurrents étrangers. Ces résultats, cette expérience auront une force persuasive autrement agissante que l'obligation, et telle qu'elle convaincra décidément les derniers réfractaires.

Dans la hiérarchie des produits, aussi bien que dans le plan de production, les cultures essentielles se classent naturellement au premier rang, et justifient une priorité en leur faveur dans l'intervention de l'État et de ses organes.

Pour les cultures dites «secondaires», importantes mais non essentielles, correspondant aux petits élevages en matière de production animale, l'intervention existera également, mais avec un caractère différent.

Il ne s'agit plus de garantir la sécurité économique du pays, mais de faire œuvre de bonne administration en ne négligeant pas — même en cherchant à augmenter le complément de ressources fournies surtout par la petite culture.

En ce sens, la collaboration de l'État est nécessaire et elle doit être, comme pour les productions essentielles, l'objet d'une organisation méthodique; mais celle-ci doit être telle qu'il convient à de petites exploitations où le principal capital et le principal moyen de produire sont et ne peuvent être que la main-d'œuvre humaine.

Pour les produits de toute catégorie, l'intervention de l'État devra enfin s'exercer pour développer la sélection, afin d'obtenir des races animales ainsi que des variétés végétales très améliorées, sans cesse perfectionnées en vue de la meilleure adaptation à chaque région, à chaque milieu. La sélection donne, en effet, *dans le produit lui-même*, le moyen de réaliser rapidement une très forte augmentation de la production. Elle ne peut devenir parfaite que si elle est encouragée, contrôlée et garantie par l'État, suivant des règles précises. *La Sélection.*

Pour la production animale, l'amélioration des races doit être poursuivie suivant un programme méthodique. *Sélection animale.*

Cela implique la revision des livres généalogiques déjà existants et la création éventuelle de nouveaux livres, ainsi que l'organisation rationnelle de centres zootechniques avec la collaboration de syndicats d'élevage, etc.

Il importera notamment d'adopter deux innovations d'importance capitale :

La première est d'appliquer aux reproducteurs mâles de l'espèce bovine la règle de l'approbation obligatoire, dans les conditions de l'approbation déjà imposée depuis longtemps pour les étalons de la race chevaline.

La seconde compléterait la garantie ainsi instituée en attribuant aux propriétaires des meilleurs reproducteurs des primes de conservation.

Enfin, il faut réformer profondément les concours d'animaux, soit qu'il s'agisse de ceux qui sont directement organisés par l'État, ou de ceux qui sont subventionnés par lui.

Le but de cette réforme doit être, en premier lieu, de rendre les concours accessibles à tous les cultivateurs, même aux moins fortunés. En ce sens, il faut décentraliser les concours et constituer plusieurs degrés d'épreuves méthodiques, depuis les épreuves locales dans la commune ou le canton jusqu'à celles des concours généraux à Paris, de telle sorte que l'animal remarquable, d'abord présenté sur place lors des épreuves locales, figure ensuite au concours départemental ou régional, et enfin, s'il y a lieu, au concours général.

D'autre part, les concours doivent mettre en valeur toutes les qualités des animaux. Donc, à côté des concours de conformation ou de beauté, il faudrait multiplier les épreuves pratiques : concours d'étables et de troupeaux, concours laitiers et beurriers; épreuves d'animaux de travail, concours de rendement en viande nette pour les animaux gras, etc...

Sélection
végétale.

Les règles suivies pour la sélection animale doivent être également appliquées à la sélection végétale.

Il faut inciter les particuliers, agriculteurs, horticulteurs, marchands grainiers, agissant isolément ou groupés en coopératives, à poursuivre l'amélioration des végétaux par la sélection généalogique, en partant des croisements artificiels ou en recourant aux mutations ou à l'amélioration progressive.

Aussi, parmi d'autres encouragements judicieux, le plus important doit-il consister à garantir aux sélectionneurs le bénéfice des résultats acquis. Il faut notamment ouvrir des livres généalogiques ou des «semences d'élites», pour y inscrire, après examen rigoureux, les variétés nouvelles ayant fait leurs preuves dans des essais culturaux méthodiques, poursuivis pendant plusieurs années.

L'administration agricole devra avoir à cœur de faciliter, par une active propagande, l'écoulement avantageux des semences originales de ces variétés améliorées, lorsqu'elles auront été jugées dignes d'être admises au bénéfice de la garantie de la «marque spéciale», que celle-ci soit donnée par l'État ou par les syndicats professionnels compétents.

Elle devra donner toute l'extension utile à la production de ces variétés d'élite, de façon à assurer leur rapide propagation et leur mise à la disposition de tous les cultivateurs à des prix modérés. Il faut en effet bien distinguer entre les graines originales, qui peuvent seules être vendues à prix élevés, et les graines qui en sont issues.

Pour bien fonctionner, tout ce système nécessite :

D'une part, des centres d'expérimentation, par exemple de grandes exploitations modèles pourvues de laboratoires spéciaux et s'adonnant, le cas échéant, à la sélection ;

D'autre part, soit la création de nouveaux services d'essais culturaux, soit la réorganisation de ceux déjà existants, poursuivie avec le concours des sociétés d'agriculture, non seulement en vue des essais de variétés, mais aussi de tous les essais ou démonstrations utiles à l'amélioration de la production végétale (expériences concernant les engrais, les assolements, les procédés de culture, la lutte contre les parasites végétaux et animaux).

Enfin, il faut assurer, en même temps que la production des variétés améliorées, la préparation de bonnes semences de ces variétés, à l'aide de l'outillage et des installations et organisations nécessaires (trieurs, ateliers ambulants de triage, coopératives de sélection et de préparation des semences, etc...).

En résumé, toute l'organisation de la production doit tendre surtout à améliorer la qualité du produit, car c'est en elle que se trouve la meilleure garantie de l'augmentation de la quantité, le meilleur facteur de la surproduction.

LES MOYENS DE PRODUIRE.

En dehors des forces humaines, c'est-à-dire en dehors de l'agent directeur de la production qui est le producteur, les *moyens de produire* comprennent trois catégories de forces :

Les forces naturelles,
Les forces mécaniques,
Les forces financières.

Ce sont celles de la terre elle-même, des eaux et des matières fertilisantes.

En ce qui concerne le sol, l'opération d'aménagement la plus urgente est actuellement le remembrement. Comme il est indispensable pour remédier à l'insuffisance de la main-d'œuvre, diminuer le prix de revient de la production et faciliter l'application de la culture mécanique partout où cela est possible, il doit être poursuivi sans délai, aussi rapidement que possible.

En premier lieu, il importe de prévoir dès à présent les conditions d'application du projet déjà voté par le Sénat, et actuellement présenté au vote de la Chambre. Le principe de ce texte est de rendre le remembrement exécutoire dans une commune, lorsque la majorité des propriétaires intéressés décide de fonder une association syndicale pour réaliser l'opération. Les propriétaires non présents à l'assemblée constitutive sont considérés comme consentants.

En somme, l'obligation du remembrement n'émane pas de l'État lui-même, mais de la décision de la majorité des propriétaires de la commune, et elle n'existe qu'avec le consentement de cette majorité. L'intervention de l'État apparaît surtout, pour le moment, par tous les avantages qu'il met en jeu pour faciliter l'opération : exemption de droits fiscaux, conservation des garanties légales des droits des mineurs et des créanciers. Mais elle peut et elle doit être plus active.

En effet, le remembrement est, au moins dans certaines régions, une mesure d'intérêt général. Dans certaines contrées des pays libérés, les circonstances peuvent le faire considérer comme le mode le plus logique et le plus pratique de reconstitution de la propriété rurale. Les organes de l'État, offices régionaux, offices départementaux, services administratifs agricoles, et les associations doivent donc le préparer en agissant de concert, et notamment en établissant, pour chaque commune intéressée, un plan d'exécution qui réponde aux desiderata de la majorité des propriétaires. En ce sens, ce plan sera d'autant plus parfait qu'il tiendra mieux compte de la valeur des sols, des possibilités culturales, des possibilités de mieux répartir les exploitations. Il devra également prévoir l'abornement général des patrimoines et le redressement des chemins.

Il faut poser comme principe que chaque fois qu'il aura été bien préparé le remembrement sera plus qu'à moitié accepté.

En ce qui concerne les eaux, il faut généraliser le drainage, activer l'aménagement rationnel des eaux utilisables pour l'irrigation, et apporter dans ce but les modifications nécessaires à la législation.

De même, le boisement ou l'engazonnement des montagnes, ainsi que des terres trop accidentées ou trop médiocres pour permettre une culture rémunératrice, s'imposent, afin de régulariser le régime des eaux et de tirer le parti le plus rationnel de tous les terrains.

Chemins.

Est également indispensable l'établissement de nombreux chemins ruraux et d'exploitation, car c'est une condition essentielle de l'amélioration de la culture, sans laquelle il faudrait, dans beaucoup de cas, renoncer à l'emploi des machins attelées ou à traction mécanique.

Recherches d'engrais. Fabriques d'engrais synthétiques.

Pour les matières fertilisantes, il faut encourager leur recherche dans le sous-sol de la France et des colonies, notamment en ce qui concerne les gisements de phosphates naturels et de sels de potasse, et étudier leurs conditions d'exploitation les plus favorables à la collectivité.

Notre industrie métallurgique doit nous procurer une quantité toujours plus grande de scories de déphosphoration.

Pour les engrais azotés, qui nous ont fait si longtemps défaut, il faut continuer et même intensifier la préparation de l'azote synthétique, pour laquelle de nombreuses fabriques ont été installées pendant la guerre.

Nous pourrons, aussi, transformer en sulfate d'ammoniaque l'azote provenant de nos usines à cyanamide, de la distillation de la houille, de nos usines à gaz ou d'usines spéciales, grâce à notre production d'acide sulfurique si accrue au cours de la guerre.

Récupération des résidus.

Dans le même ordre d'idées, il y aura lieu d'établir une réglementation pour la récupération complète des résidus industriels, en particulier de ceux de l'industrie métallurgique, qui devraient aider davantage à la fertilisation du sol, ainsi que de tous les déchets urbains, qui peuvent constituer de bons engrais et qu'on laisse actuellement perdre, au détriment de la santé et de la fortune publiques.

Achat des engrais.

Enfin il y aura lieu de faire l'éducation de l'agriculteur au point de vue de la pratique de ses achats et de ses approvisionnements en engrais.

Il faudra lui montrer d'abord tout l'intérêt qui s'attache aux groupements des commandes, qui permettent toujours, en même temps que d'obtenir de meilleures conditions de prix, de réduire très sensiblement les frais de transport pour le kilogramme de matière utile.

D'où la nécessité de favoriser et d'encourager la constitution des syndicats et des coopératives d'achats d'engrais et de toutes matières utiles à l'agriculture.

D'autre part, il y aura lieu d'insister près de nos agriculteurs pour leur montrer combien — à un double point de vue — ils ont intérêt à ne pas attendre le moment de l'emploi pour procéder à l'achat des matières fertilisantes, anticryptogamiques, etc., qui leur sont nécessaires, mais au contraire à s'en pourvoir un certain temps à l'avance.

Ils pourront ainsi profiter de la période d'accalmie des transports pour s'assurer plus exactement en temps voulu la venue de ces matières, tout en bénéficiant de tarifs de transports plus avantageux et de prix de cessions moins élevés.

Ce sera une heureuse généralisation de ce que l'on essayait partiellement avant la guerre.

Déjà, en effet, des prix de vente, des tarifs plus avantageux étaient accordés par les industriels et les Compagnies de transports pour les engrais vendus et transportés pendant la période s'écoulant de juin à fin septembre.

Les industriels consentaient des prix plus avantageux parce que les ventes échelonnées leur évitaient le chômage du personnel ou un magasinage coûteux, tout en leur permettant une exploitation régulière de leurs moyens d'extraction ou de fabrication.

C'est cette méthode qu'il faut chercher à généraliser, car elle institue une véritable collaboration entre le producteur (fabricant) et le consommateur (agriculteur) pour faire réaliser le maximum de production au capital et au travail de chacun d'eux.

Il est nécessaire de développer l'emploi de l'outillage *sous toutes ses formes*, afin d'améliorer les conditions du travail et les façons culturales, et d'abaisser le prix de revient de la production. *(Forces mécaniques, outillage.)*

Il faut orienter les usines de guerre vers la fabrication des machines et des instruments agricoles, et tous les constructeurs vers la création d'appareils faciles à conduire, n'exigeant pas de grands efforts musculaires. Tout doit en effet être fait pour faciliter le travail des mutilés et des réformés qui reprendront leur exploitation, ou qui se mettront au service de l'agriculture. *(Machines et instruments divers.)*

D'une manière générale, la fabrication devra être dirigée en vue de construire des machines et instruments robustes, et de prix de revient et de vente raisonnables. Néanmoins, certains appareils resteront coûteux, et par conséquent seront trop peu répandus ; cela peut être le cas, notamment, pour les tracteurs ; l'État et ses organes devront alors intervenir, en multipliant, suivant les besoins de chaque région, les subventions pour l'achat et l'emploi de ces instruments. *(Tracteurs.)*

C'est d'ailleurs toujours en tenant compte des conditions locales, du milieu, qu'il faut organiser l'adaptation de la culture mécanique. Ainsi, la motoculture proprement dite ne sera pas applicable, ou ne le sera que difficilement, dans un certain nombre de régions, soit à cause de la nature du sol, trop rocheux, trop accidenté ou trop médiocre, soit en raison de larges disponibilités en chevaux de trait, en bœufs de travail, ou encore de la présence de plantations de pommiers ou autres arbres dans les champs.

Au contraire, elle s'impose ailleurs, notamment pour la remise en culture des régions libérées, et doit être encouragée par des subventions à la fabrication et à l'emploi des tracteurs, par la création de syndicats ou coopératives de culture mécanique, ou enfin par des subventions accordées non seulement aux associations et aux entrepreneurs de labourage, mais aussi à chaque exploitant qui peut réellement utiliser un ou plusieurs tracteurs.

Tout comme l'emploi de tracteurs mécaniques, celui de l'électricité peut et doit être généralisé et encouragé, tant pour les travaux d'intérieur que d'extérieur de ferme. Il faut donc organiser méthodiquement et régulariser l'utilisation des chutes d'eau, et constituer des coopératives de production d'énergie électrique. *(Électricité.)*

D'une manière générale, pour que le génie rural atteigne son entier développement, il faut créer des stations expérimentales pour les essais et pour le contrôle des machines, et multiplier, avec le concours des Sociétés d'agriculture, les essais de mécanique agricole pour le choix des appareils. Enfin, il faut suivre ceux-ci jusque chez le cultivateur, par des enquêtes sur l'usure, sur les réparations et sur le travail des appareils en service. *(Contrôle des machines.)*

L'étude des forces financières est de beaucoup la plus complexe, car elle impliquerait, pour être complète, celle de toutes les relations entre le capital-travail et le capital-argent, de tous les rapports entre la propriété et le travail, et de tous les *(Forces financières.)*

groupements créés pour organiser d'une part le travail, et d'autre part pour améliorer le sort des travailleurs. Trois questions seulement seront retenues ici : le crédit agricole proprement dit, l'assurance qui renforce le crédit, enfin la mise en valeur du produit qui garantit la rémunération du travail et du capital. Les questions ayant surtout un caractère social seront exposées avec celles qui sont directement relatives au producteur.

Crédit agricole mutuel. L'organisation bancaire des sociétés financières et même celle des Caisses d'épargne est dans son ensemble défavorable à l'agriculture. Elle a souvent eu pour effet de drainer les économies des agriculteurs vers des placements de toutes sortes (fonds d'État ou valeurs industrielles), parfois même effectués à l'étranger et de peu de sécurité. C'est de l'argent enlevé à l'agriculture et qui ne lui profite plus.

Les sociétés de Crédit agricole ont déjà réagi utilement contre cet état de choses regrettable, et un certain nombre d'entre elles ont reçu des dépôts importants de la part de leurs sociétaires. L'épargne des agriculteurs sert ainsi à faire des prêts à la production, ce qui est à tous points de vue désirable. Il faut donner au Crédit agricole toute l'extension nécessaire pour lui permettre de fournir à l'agriculture tous les capitaux nécessaires à l'intensification de la production. Il y a donc lieu de développer toutes les formes de crédit agricole : à court terme, à moyen et à long terme. Le crédit à long terme pour l'acquisition, l'aménagement et la transformation des petites propriétés rurales doit être favorisé particulièrement en raison des avantages réels que présente la petite propriété au point de vue économique et social.

Il y a intérêt à élever le maximum des prêts fixés par les lois du 19 mars 1910 et du 9 avril 1918, et de les porter à 20,000 francs par exemple. Les avantages spéciaux donnés par la loi du 9 avril 1918 aux mutilés pourraient être étendus à tous les agriculteurs mobilisés, usés par les fatigues de la guerre, et les lois de 1910 et de 1918 devraient être fusionnées.

Les agriculteurs mobilisés, qui auront appris dans les coopératives militaires à apprécier les avantages de la coopération, et les ruraux de l'arrière qui auront compris, pendant la guerre, tous les services qu'elle peut rendre à l'agriculture, feront une plus large utilisation da la loi du 29 décembre 1906, qui pourra utilement recevoir de nouvelles applications.

Coopératives de transformation et de production. Il faut encourager largement ces organisations et favoriser par exemple la création d'abattoirs coopératifs et de coopératives de fabrication des engrais, de superphosphates notamment, comme il en existe chez nos alliés d'Italie, ainsi que de coopératives d'électricité, comme nous en avons déjà quelques-unes.

Assurances. L'assurance doit être généralisée pour tous les risques de l'industrie agricole : incendies, grêle, mortalité du bétail, accidents.

Il faut en effet la considérer comme un moyen de conservation ou, tout au moins, de reconstitution du capital investi dans la culture, et par conséquent comme un complément du gage sur lequel repose le crédit.

L'assurance mutuelle doit être particulièrement encouragée et organisée partout à trois degrés : assurance locale, assurance départementale ou régionale (réassurance au premier degré), assurance nationale (réassurance au second degré).

L'assuré devrait pouvoir choisir entre l'assurance mutuelle, ou l'assurance par une société civile autorisée par l'État, ou — s'il y a lieu — l'assurance par une caisse d'État. Mais, quel que soit son choix, le principe de l'assurance devrait être une règle pour lui.

La mise en valeur du produit doit être considérée comme l'aboutissement de toutes les opérations de la production, car elle garantit la rémunération du travail et du capital. Elle doit donc être soigneusement préparée.

En premier lieu, il faut organiser la recherche de débouchés commerciaux, tant en France qu'à l'étranger, et il faut encourager les exportations avantageuses.

Pour ce dernier objet, beaucoup peut être obtenu par l'établissement de judicieux tarifs de transport, et par des acheminements accélérés. Tant en ce sens qu'au point de vue d'une meilleure organisation générale, il faut améliorer les communications par chemin de fer dans certaines régions, accélérer les transports, faire circuler des trains spéciaux, assurer un ordre de priorité aux denrées périssables, multiplier les wagons frigorifiques ; enfin, améliorer les emballages et modes d'emballage.

D'autre part, il faut protéger par des conventions internationales *les marques* des produits du sol.

De même, un certain nombre de mesures sont indispensables, tant pour empêcher l'avilissement des prix que pour garantir les intérêts du consommateur. En ce sens, un régime douanier et commercial bien compris assurera une protection suffisante des produits du sol, en vue de leur écoulement à des prix rémunérateurs. La création d'abattoirs régionaux pourvus de frigorifiques stabilisera les cours du bétail. Enfin, en facilitant l'écoulement direct des produits à la consommation, au moyen d'offices départementaux et communaux d'approvisionnements en gros et demi-gros, et de coopératives de consommation, on protégera les agriculteurs et les consommateurs contre les trop nombreux intermédiaires, qui, par leurs spéculations, prélèvent des bénéfices exagérés et causent le renchérissement de la vie.

Marginalia :
Mise en valeur du produit.
Transport.
Protection de la marque.
Meilleure utilisation et répartition du produit.

[illegible]

LE PRODUCTEUR.

Les forces naturelles, les forces mécaniques, les forces financières sont mises en œuvre par le producteur. Pour qu'elles donnent un rendement maximum, il faut donc qu'elles reçoivent de l'homme, qui est leur maître, une impulsion à la fois vigoureuse et raisonnée. Il faut, en un mot, que le producteur sache les diriger vers un but précis, d'après un plan logique. Des méthodes de vulgarisation.

Or, comme il a été dit plus haut, le moment est singulièrement propice pour développer en lui l'esprit nouveau qui donnera cette impulsion nécessaire.

En premier lieu, il faut agir sur le cultivateur par l'*enseignement* et par la *propagande*.

Pour l'enseignement, la première tâche est d'appliquer rapidement et intégralement la loi du 2 août 1918, car sans enseignement technique rationnel, l'agriculture ne peut réaliser que des progrès sporadiques, au détriment de toute prospérité vraiment régulière. Enseignement.

D'autre part, cet enseignement doit être un, c'est-à-dire parfaitement homogène dans son but et dans ses moyens. C'est dire qu'il doit appartenir entièrement à l'administration agricole, et qu'il ne peut être donné par les établissements universitaires, notamment par les Facultés, sauf en ce qui concerne les travaux de recherches scientifiques poursuivis par celles-ci et pour lesquels de larges dotations peuvent être attribuées à leurs laboratoires.

Il n'est pas nécessaire d'insister ici sur les programmes de l'Institut agronomique et des Écoles nationales d'agriculture, qui sont surtout des écoles supérieures de sciences appliquées, ne comportant qu'un nombre restreint d'élèves.

Mais il y a lieu de montrer quelle doit être la tâche des établissements et des institutions plus directement en contact avec le monde rural, auquel elles doivent donner les éléments indispensables d'instruction professionnelle.

Les écoles d'agriculture, du type des anciennes écoles pratiques, doivent constituer de véritables centres d'information et de vulgarisation agricoles, comportant des sections de spécialités dont, par exemple, une section de génie rural, chargée des cours et exercices pratiques de drainage, d'irrigations, de topographie et d'architecture rurale. Elles seront naturellement pourvues de laboratoires et disposeront de champs d'expériences et de démonstration.

Toutes les autres écoles, notamment les écoles de spécialités, doivent être organisées suivant le même esprit.

A côté de ce premier groupe d'écoles techniques, il faut prévoir, pour la formation des ouvriers spéciaux, des écoles de métier, écoles de bergers, de laitiers, de mécaniciens ruraux, de conducteurs de tracteurs. C'est une création indispensable pour le bon recrutement du personnel professionnel nécessaire à l'agriculture, à l'élevage et aux industries de la ferme.

Enfin, un effort décisif doit être fait pour l'organisation méthodique de l'enseignement agricole populaire proprement dit.

Pour les enfants, les programmes des écoles primaires des communes rurales devront être conçus suivant une orientation nettement agricole, afin de retenir à la campagne les élèves qui y sont nés et de développer en eux la vocation agricole. On ne demandera pas aux instituteurs d'être des maîtres d'agriculture; mais leurs leçons devront s'adapter au milieu pour lequel ils enseignent. Sorti de l'école de son village natal, le cultivateur devra connaître toute la noblesse de sa profession, et posséder déjà les notions d'ordre général qui lui permettront de profiter de ses lectures, de suivre plus utilement les démonstrations faites devant lui et, partant, de mieux gérer son exploitation.

Pour les adultes, l'enseignement agricole postscolaire, qui est le plus important au point de vue technique, doit être intensifié à l'extrême, et une propagande active devra lui amener la majorité de la population rurale. Autant que possible, il sera donné par des professionnels. Le plus souvent, il prendra la forme d'enseignement saisonnier, et il faudra multiplier les cours d'hiver, les écoles ménagères, les cours pratiques temporaires pour la formation des mécaniciens ruraux et autres spécialistes agricoles.

Propagande.

Enfin, l'enseignement à tous les degrés doit être complété, rendu vivant par la propagande sous toutes ses formes, par la parole — conférences et conversations, — par les démonstrations pratiques, par le livre et surtout par le tract illustré, par le dictionnaire-manuel, par l'affiche et par l'image animée du cinéma.

Cette vulgarisation des connaissances scientifiques et des résultats des travaux réalisés dans les stations expérimentales, appartient surtout aux directeurs des services agricoles et aux professeurs d'agriculture. Il sera exposé plus loin comment ils pourront poursuivre cette tâche, suivant la conception nouvelle qu'il faut avoir de leurs fonctions. Il importera d'ailleurs d'utiliser également, sous leur contrôle, la compétence du personnel des écoles, des stations de recherches et des laboratoires.

Rapports sociaux.

A côté de l'action exercée sur le producteur par l'enseignement et par la propagande, l'État et ses organes doivent se préoccuper d'améliorer sa situation, notamment en réglant les rapports des propriétaires et des exploitants, fermiers ou métayers, et les conditions d'existence et de travail des salariés agricoles.

Des mesures législatives devront notamment intervenir pour que ne puissent être insérées dans les baux des clauses notoirement préjudiciables à l'une des parties, ou aussi à la production agricole (soit, suivant l'exemple déjà cité, l'interdiction d'employer des engrais chimiques, ou toute autre clause analogue).

De même, le métayage devra être réformé pour être adapté aux nouvelles conditions de la production agricole.

Dans le même sens, il faudrait prescrire la codification et l'unification des usages locaux, afin qu'ils tiennent compte de l'évolution continue de l'agriculture.

Salaire et conditions de vie de l'ouvrier.

En ce qui concerne les ouvriers agricoles, l'amélioration de leur situation est l'un des problèmes les plus urgents, les plus poignants, peut-on dire, de la renaissance agricole. Dans la population rurale, ils constituent en effet l'élément le plus attiré vers la ville et vers l'usine, et le moins attaché au sol. Le grand grief qu'ils ont contre la campagne est de n'y obtenir qu'un salaire généralement inférieur à celui d'un ouvrier d'usine ou d'un employé, et de n'y avoir que peu de bien-être.

Le salaire d'un ouvrier agricole doit donc être non pas égal, mais équivalent à celui d'un ouvrier des villes. Il faut en effet tenir compte, dans son établissement, des facilités offertes par la campagne pour la nourriture, sous la forme d'avantages en nature (lopin de terre, jardin, basse-cour), préparant l'accession à la petite propriété rurale.

En outre, le salaire peut être augmenté par des primes pour l'ancienneté de services, pour les charges de famille, etc.

Enfin, la participation aux bénéfices doit être rendue possible et généralisée, notamment sur le prix de vente des animaux et sur le rendement pécuniaire brut des autres produits.

L'augmentation des salaires et le bénéfice d'avantages accessoires doit d'ailleurs résulter de ce fait que l'ouvrier agricole, dans les grandes et moyennes exploitations, tendra à cesser d'être un manœuvre pour devenir un spécialiste, exerçant comme berger, laitier, mécanicien, etc., un métier bien déterminé.

Quant au bien-être, ou plus exactement à l'existence matérielle et morale des ouvriers agricoles, il importe en premier lieu de leur donner des logements convenables, propres à développer la vie de famille. Le type en est la maison avec jardin et petite basse-cour, concédée à l'occupant dans les conditions qui lui permettent d'en devenir le propriétaire.

Le coût de la vie peut, d'autre part, être diminué par l'organisation multipliée de coopératives de consommation.

En rendant le village propre et confortable, en offrant à ses habitants des distractions fréquentes, mais saines et peu coûteuses, en mettant le plus possible à leur disposition les commodités vraiment utiles (moyens de communication, poste, télégraphe, téléphone, service public d'informations), en répandant aussi le goût de la lecture, on retiendra l'ouvrier agricole à la campagne, tout en l'écartant du cabaret.

Il faut dire aussi quelques mots des petites industries rurales, en raison du rôle considérable qu'elles peuvent remplir pour l'amélioration de l'existence à la campagne. *Industries de la ferme.*

Tout d'abord, elles doivent permettre d'assurer à l'ouvrier agricole la continuité du salaire, dans les régions ou dans les cas où la mauvaise saison entraîne un chômage tout au moins partiel, obligeant à congédier ou à moins rétribuer une partie du personnel.

A l'employeur, elles donnent une augmentation de bénéfices. Pour tous, elles constituent un moyen de lutter contre le désœuvrement, trop souvent mauvais conseiller.

Mais il faut bien prendre garde que l'industrie choisie par un village ou par un employeur doit se greffer sur la production agricole locale. Ce sera, par exemple, la fabrication des conserves de viande, de légumes ou de fruits, ou bien la vannerie, la boissellerie, ou toute autre industrie basée sur une culture ou un élevage. Mais jamais ce ne devra être une industrie sur matière première importée, telle que la lunetterie, la cordonnerie, même la fabrication de la dentelle ou la broderie, la cordonnerie ; ce travail n'est en effet introduit à la campagne que pour en avilir le prix, et, outre qu'il ne contribue pas au développement de la culture ou de l'élevage et que même il l'entrave, il finit par attirer l'usine où s'embaucheront les ouvriers ruraux, ainsi perdus pour l'agriculture.

Assurer le salaire annuel continu en y joignant le plus d'avantages possible ne suffirait pas. Il faut aussi garantir aux ouvriers agricoles le bénéfice complet des mesures de prévoyance sociale existant déjà pour tous les autres travailleurs. En ce sens, il faut assurer la protection des ouvriers agricoles contre les accidents, développer aussi libéralement à la campagne qu'à la ville les lois sociales d'assistance, modifier le régime des retraites ouvrières et paysannes afin qu'il n'y ait pas d'infériorité pour le travailleur rural. *Prévoyance sociale.*

Il faut également prendre des mesures pour améliorer l'hygiène rurale et notamment exiger des propriétaires fonciers un meilleur aménagement des logements du personnel agricole. Dans ce sens, il pourrait leur être accordé des subventions ou des prêts spéciaux, ou aussi l'exemption d'impôts pendant trente années, comme pour le reboisement, lorsqu'ils feront construire des habitations respectant toutes les règles de l'hygiène moderne. *Hygiène rurale.*

D'ailleurs, les communes devront être encouragées à entreprendre effectivement tous les travaux susceptibles de garantir, dans les villages, la salubrité publique tout en augmentant le confort général. L'État devra donc, par de larges subventions et par des prêts, encourager des travaux tels que l'adduction d'eau potable, l'installation de la force et de l'éclairage électriques, etc.

Placement
de la main
d'œuvre. Il faut enfin rendre stable l'institution de l'Office de la Main-d'œuvre agricole, rattaché au Ministère de l'Agriculture, pour qu'il constitue l'organe central de toute l'organisation de placement qui aidera à la répartition de la main-d'œuvre dans les différentes régions. Les autres organes seront des offices départementaux, comportant des sections cantonales ou communales, qui agiront avec le concours des associations agricoles.

Il devrait être interdit à tous ces offices et à toutes ces sections de favoriser le placement des agriculteurs dans le commerce ou dans l'industrie.

Enfin, l'organisation du placement se complète par celle de l'immigration et par le contrôle des travailleurs étrangers.

Il y aurait lieu également de créer des commissions d'arbitrage pour le règlement des différends entre les employeurs et leur personnel. La compétence de ces commissions s'étendrait non seulement aux contestations entre les patrons ruraux et les ouvriers, mais aussi à celles qui surviendraient entre les propriétaires et les fermiers et métayers.

L'organisation du travail doit se compléter par celle de la vie collective, car l'intervention de l'État ne donnerait que des résultats médiocres, et même resterait vaine dans beaucoup de cas, si elle n'était vivifiée par la collaboration des sociétés agricoles de toute nature.

C'est dire qu'il faut développer la mutualité à la campagne en poursuivant sa meilleure adaptation aux conditions locales. C'est dire également qu'il faut non seulement multiplier les institutions collectives destinées à venir en aide à l'agriculture, mais qu'il faut en outre coordonner leurs efforts, suivant des directives communes.

Syndicats. En ce qui concerne les syndicats agricoles, il faut étendre leurs droits et notamment celui de posséder. Il faut les constituer méthodiquement, suivant un plan qui a pour base le syndicat communal ou cantonal; puis, comme second degré, le syndicat départemental ou la fédération des syndicats d'un même département. Comme degré supérieur, une fédération régionale de syndicats.

Coopératives. Il faut d'ailleurs prévoir une réforme à la législation des associations syndicales constituées sous le régime des lois de 1865 et de 1888, car celle qui est actuellement en vigueur comporte trop de difficultés pour la constitution de ces associations et pour leur autorisation.

Il faut multiplier les sociétés coopératives, qu'il s'agisse de coopératives de culture ou de production, ou de coopératives de transformation, ou de coopératives d'achat et de vente.

Mention spéciale doit être faite des coopératives de culture mécanique qui sont indispensables à la moyenne culture, afin de remédier à l'insuffisance des surfaces possédées. Il faut noter que, pour obtenir des résultats efficaces, la coopérative départementale de culture mécanique est préférable aux petites associations. L'État pourrait céder à cet organe départemental, à charge de les rétrocéder, en en contrôlant l'emploi et en fixant des amortissements de longue durée, des appareils neufs ou usagés.

Sociétés
d'agriculture
et comices. Les sociétés d'agriculture et les comices doivent être réformés pour être adaptés à la vie agricole moderne. Il serait utile d'avoir une organisation d'ensemble, départementale et régionale, pour donner, avec cohésion, toute l'impulsion nécessaire au progrès agricole. Là encore, le premier degré doit être constitué par des sociétés locales ou par des sociétés cantonales ou d'arrondissement. Il serait bon, le cas échéant, de les spécialiser en syndicats d'élevage, etc. Le second degré devrait être représenté par la société départementale d'agriculture, dont la collaboration est indispensable pour l'organisation des concours. Enfin le degré supérieur serait constitué par un groupement régional.

De toute façon il y a lieu de réformer le mode d'attribution des subventions aux sociétés d'agriculture, de telle sorte que les crédits accordés servent uniquement aux améliorations de la production végétale ou animale, ainsi qu'au développement des œuvres de prévoyance sociale.

Réforme du régime des subventions.

Le développement des associations agricoles sous les formes les plus diverses : syndicats, sociétés de crédit mutuel, coopératives, sociétés foncières, sociétés d'habitations ouvrières à bon marché pour ouvriers ruraux, sociétés d'assurances mutuelles, associations syndicales, sociétés d'agriculture, offices divers faisant appel aux subventions et aux avances de l'État, nécessitera dans l'intérêt du bon fonctionnement de ces institutions, de celui des associés et de l'État, un contrôle à la fois prudent et bienveillant de l'inspection déjà chargée de ce service. Les inspecteurs devront, en même temps, guider les fondateurs de ces sociétés en leur conseillant les modes d'organisation ayant fait leurs preuves et donné les meilleurs résultats dans les autres régions de la France. Ces associations doivent, en effet, offrir à leurs sociétaires la sûreté que comporte l'intervention de l'État qui ne doit se produire qu'à bon escient, et le contrôle des lois et règlements relatifs à l'agriculture doit s'effectuer tout particulièrement en ce qui concerne les sociétés recevant des subventions ou des avances.

Le but à réaliser en ce sens est de poursuivre l'application de programmes régionaux ou départementaux dûment arrêtés.

LA LIAISON ENTRE LE MONDE AGRICOLE

ET LES ORGANES ADMINISTRATIFS.

C'est surtout par les sociétés que doit s'opérer la liaison entre le monde agricole et les organes administratifs de l'État.

C'est en effet avec elles que les offices départementaux et les offices régionaux, dont la constitution est prévue par la proposition de loi de M. Théveny, se trouveront en contact constant.

L'office régional, ainsi que l'office départemental seront une émanation des groupements agricoles; mais ils agiront de concert avec les fonctionnaires de l'État qui seront chargés de veiller à l'exécution des dispositions prises par eux.

L'office régional, près duquel l'État sera représenté par un inspecteur de l'Agriculture, sera avant tout un organe de direction, un véritable guide des progrès agricoles de la région.

Il soumettra au Ministère le programme à réaliser dans chaque département, ainsi que le projet de répartition des crédits affectés à divers encouragements. D'ailleurs, il pourra assurer directement la création et le fonctionnement des centres d'expérimentation et de vulgarisation et des autres institutions qui intéressent la région entière.

L'office départemental, dont le directeur des services agricoles doit être la cheville ouvrière, sera un organe d'exécution qui devra disposer de larges moyens d'action parfaitement adaptés au milieu. Il agira soit directement, soit avec la collaboration des divers groupements agricoles qui devront être en contact permanent avec lui et avec le directeur des services agricoles.

Jusqu'à présent, la situation des directeurs départementaux des services agricoles était assez mal définie.

En principe, ils sont les représentants et les agents du Ministre de l'Agriculture; mais en fait ils sont considérés et traités comme des fonctionnaires de l'administration départementale, entièrement subordonnés au préfet et dépendant, pour une part de leurs émoluments, de la bienveillance des Conseils généraux. Ils ne sont pas en contact suivi et régulier avec les populations rurales, d'abord parce qu'ils sont retenus dans leur bureau par des travaux administratifs qu'ils doivent exécuter eux-mêmes presque entièrement, faute de personnel subalterne; ensuite et surtout, parce que la modicité de leurs traitements et de leurs frais de déplacement leur interdisent d'entreprendre des tournées fréquentes et éloignées du siège de leur résidence.

Or le Ministère de l'Agriculture ne peut exercer son action dirigeante que s'il est en liaison constante avec les cultivateurs par l'intermédiaire des directeurs des services agricoles et des professeurs d'agriculture.

Il faut donc, en premier lieu, que le directeur des services agricoles soit, dans son département, le chef incontesté de tous les fonctionnaires relevant du Ministère de l'Agriculture, exception faite seulement du personnel de l'Institut agronomique et des Écoles nationales; il faut même qu'il ait le pouvoir de contrôler l'activité des institutions (tels que laboratoires, etc.) éventuellement mises au service de l'Agriculture par les Universités, les départements, les municipalités et en général par les établissements publics ou reconnus d'utilité publique. D'autre part, s'il doit sa collaboration déférente au Préfet, son véritable chef est le Ministre de l'Agriculture.

Autrement dit, le directeur des services agricoles doit recevoir directement les ordres et les instructions du Ministère, et il doit en assurer l'exécution par ses seuls pouvoirs et sous sa seule responsabilité. De même, c'est d'abord envers lui que ses subordonnés seront responsables du bon accomplissement de leurs fonctions.

Ces rapports sans intermédiaire entre le Ministère de l'Agriculture et les directeurs des services agricoles sont le plus sûr moyen — ou plus exactement le seul moyen — de donner à ceux-ci toute l'autorité voulue, tout le pouvoir réel nécessaire pour assurer, en collaboration avec l'office départemental, l'application des lois déjà votées ou qui seront votées afin d'intensifier la production agricole.

En somme, la situation d'un directeur des services agricoles doit être identique à celle des autres chefs des services de l'État dans le même département, qui relèvent immédiatement de leur Ministère, sont en correspondance directe avec lui, et assurent par leur autorité propre l'exécution des ordres qu'ils ont seuls qualité de recevoir de l'Administration centrale dont ils dépendent.

D'ailleurs, la réforme envisagée ne fera que consacrer une situation créée par la guerre. Tant dans l'organisation de l'agriculture que dans celle du ravitaillement, tous les directeurs de services agricoles ont assumé et réalisé, dans leurs départements respectifs, une tâche dont dépendait en grande partie le salut public. Ils ont su montrer qu'ils n'étaient pas seulement des techniciens de grande valeur scientifique, mais aussi des administrateurs actifs et pleins d'initiative. C'est ainsi qu'ils sont devenus des chefs de service, et que, par une comparaison un peu rapide, mais cependant en partie exacte, on a pu les qualifier de préfets agricoles.

Il faut donc renoncer définitivement à la conception purement didactique que l'on avait suivie en instituant les chaires départementales d'agriculture. Sans doute, il ne faut pas méconnaître l'utilité de conférences poursuivies suivant un programme régulier, approprié aux conditions locales. Mais il faut ramener cette utilité à son exacte valeur, et c'est un fait aujourd'hui admis, tant par les directeurs des services agricoles et les professeurs d'agriculture que par les cultivateurs vraiment désireux de profiter de leurs conseils, que les conférences de caractère pédagogique, faites à des dates forcément espacées à un public dispersé, n'établissent qu'un contact très insuffisant entre les représentants du Ministère de l'Agriculture et les populations rurales.

Pourtant, et bien que la tâche de ces représentants se soit considérablement accrue et ne soit plus surtout didactique, ils sont traités, quant à leurs moyens d'action, comme au temps où ils étaient avant tout des conférenciers, que l'on venait écouter à leur résidence ou dans quelques centres facilement accessibles de leur département.

Or le directeur des services agricoles et ses collaborateurs techniques doivent vivre, le plus constamment possible, quasi quotidiennement parmi les cultivateurs. A la conférence, il faut substituer la conversation, et à l'exposé théorique la démonstration.

Nombre de directeurs et de professeurs sont d'ailleurs déjà entrés dans cette voie. Mais malgré toute leur bonne volonté et tout leur esprit d'initiative, ils n'ont pu agir que dans une mesure restreinte, limitée, comme il a déjà été dit, par la modicité de leurs traitements et surtout de leurs frais de déplacement. Ces derniers sont d'ailleurs variables suivant les départements. Il en résulte que certains directeurs ou professeurs peuvent entreprendre des tournées relativement fréquentes et relativement considérables, tandis que d'autres sont pour ainsi dire attachés à leur résidence.

Sans proposer dès à présent un programme général pour les tournées, nous croyons que dans chaque commune le directeur des services agricoles devrait avoir un correspondant n'appartenant à aucun service de l'État. On peut en effet penser que ce rôle pourrait être dévolu à l'instituteur ou au secrétaire de la mairie, voire à un agent voyer ou à un agent de l'administration forestière; mais si réelles que soient les qualités professionnelles de ces fonctionnaires ou agents, c'est à un propriétaire exploitant ou au fermier d'une exploitation importante que le directeur des services agricoles doit s'adresser. La personnalité la mieux désignée est évidemment le président du syndicat agricole, ou un membre du bureau de ce syndicat, lorsqu'il en existe un dans la commune.

C'est ce correspondant que visiterait plusieurs fois par année le professeur d'agriculture le plus voisin, ou le directeur des services agricoles lui-même.

A cet effet, directeurs et professeurs devront pouvoir se servir de moyens de locomotion dont ils auraient la libre disposition.

En somme, ils devraient être en tournée pendant quinze ou vingt jours par mois. C'est ainsi qu'ils pourraient agir le plus efficacement sur les populations rurales, en multipliant les conversations, les explications, les démonstrations faites l'appareil en mains.

La méthode démonstrative.

Ces démonstrations ont une grande importance pratique et elles doivent être poursuivies avec méthode et persévérance. Malgré tout leur zèle, il ne serait pas possible aux directeurs des services agricoles et aux professeurs d'agriculture d'entreprendre, sur le terrain même, toutes celles qui sont nécessaires. Il faut donc qu'ils soient aidés par des démonstrateurs qui seront, en principe, leurs correspondants dans les communes. Ces « démonstrateurs sédentaires » mettront à la disposition de l'Office départemental un de leurs champs, situé autant que possible à proximité d'une route fréquentée et propre à la réalisation des expériences entreprises. Des poteaux dressés aux points les plus convenables porteront des écriteaux indiquant, de façon très apparente, la nature de l'essai poursuivi. L'aspect du champ, au moment de la récolte, sera la meilleure preuve des progrès obtenus grâce à l'appareil, à l'engrais, ou au procédé de culture préconisé.

Dans certaines régions peu favorisées, il peut être difficile de recourir à l'aide des « démonstrateurs sédentaires ». L'Office régional ou l'Office départemental pourraient suppléer à ce concours par l'envoi de « démonstrateurs ambulants », désignés pour diriger, aussi longtemps qu'il sera utile, des essais et des démonstrations aux points les mieux appropriés à ce but.

D'autre part, afin d'agir suivant un programme annuel pratiquement déterminé, l'Administration centrale et tous les organes extérieurs devront donner chaque année, au moment opportun, des « directives agronomiques » aux cultivateurs de toute catégorie.

Ces directives seront publiées par la voie de la presse et communiquées avec plus de détails aux associations agricoles; les professeurs d'agriculture et les démonstrateurs devront s'en inspirer constamment et s'attacher à en poursuivre la réalisation.

Rôle de coordination des Inspecteurs de l'agriculture.

Enfin, pour coordonner l'action des fonctionnaires et des organes départementaux, il faut qu'à un degré supérieur les membres de l'Inspection de l'agriculture remplissent un rôle analogue à celui qui vient d'être exposé à l'égard des directeurs des services agricoles. Ils doivent, eux aussi, devenir plus « mobiles », si l'on peut dire. Leurs déplacements doivent être constants et leurs visites imprévues.

Jusqu'à présent, ils ont résidé à Paris, où la modicité des crédits affectés à leurs tournées les a trop souvent retenus malgré eux. Dans l'avenir, il importe d'assigner au plus grand nombre d'entre eux la résidence en une ville d'où ils puissent rayonner dans la région qui leur est affectée, et, en outre, il faut mettre à leur disposition des crédits nécessaires pour que leur activité soit réelle et utile.

Inspecteurs et directeurs ne devront pas oublier, dans l'exercice de leur action, que pour obtenir beaucoup il faut unir les efforts, les coordonner et que c'est en créant des sociétés, des groupements de toute sorte, en les conseillant, qu'ils organiseront la meilleure forme du travail, qui est la coopération.

[illegible]

RÉORGANISATION
DE L'ADMINISTRATION CENTRALE.

Le programme qui vient d'être exposé est considérable, et c'est en somme celui de notre renaissance agricole. Déjà, toute une série de lois, élaborées depuis celle du 21 août 1912 (création des directions des services agricoles) et dont beaucoup ont été inspirées par la crise due à la guerre, en prépare la réalisation. Celle-ci ne sera d'ailleurs complète que par la promulgation d'un certain nombre de textes législatifs spéciaux, relatifs à chacune des principales réformes et créations envisagées.

Mais, dès à présent, pour que ce programme puisse être conçu et appliqué avec toute la continuité et toute l'homogénéité nécessaires, *il faut entreprendre immédiatement la réforme de l'organe directeur, qui est l'Administration centrale du Ministère de l'Agriculture.*

** **

Actuellement, l'Administration centrale comprend :
Une direction du Secrétariat, du Personnel central et de la Comptabilité ;
Une direction de l'Agriculture ;
Une direction générale des Eaux et Forêts ;
Une direction des Haras ;
Une direction des Services sanitaires et scientifiques et de la répression des fraudes ;
Un Service du crédit, de la coopération et de la mutualité agricoles.

Cette division du travail ne correspond plus aux circonstances actuelles et aux nécessités de demain.

Le programme précédemment exposé étant admis, l'Administration centrale doit, à l'avenir, se présenter sous une forme plus moderne et se rapprocher davantage de celles qui sont pratiquées dans les grandes industries.

C'est ainsi que l'on peut concevoir une répartition des directions comme il va être exposé plus loin.

Ce projet de répartition est évidemment susceptible de modifications, mais il convenait d'indiquer les grandes lignes des dispositions envisagées, et cela en vue de provoquer les observations de ceux qui — à quelque degré que ce soit de l'échelle administrative — sont à même, par l'expérience des difficultés quotidiennes, de formuler d'utiles suggestions.

Sur la base des éléments de la production, la répartition des Directions peut donc être la suivante :

Pour le produit :
1° Une direction de la Production ;

Pour les moyens de produire et la mise en valeur du produit :
2° Une direction du Génie rural et de l'Aménagement des eaux ;
3° Une direction des Services économiques et sociaux ;

Pour instruire le producteur et pour protéger le fruit de son travail :
4° Une direction de l'Enseignement agricole, des Services sanitaires, des Recherches scientifiques et de la Répression des fraudes ;

Provisoirement, deux directions spéciales seront maintenues :

5° et 6° La direction générale des Forêts et la direction des Haras;

7° Enfin, une direction générale de l'Agriculture maintiendra la cohésion entre toutes les autres directions et entre tous les organes dépendant, à quelque titre que ce soit, du Ministère de l'Agriculture. Elle aura donc autorité sur l'ensemble de l'Administration agricole, et elle assurera la continuité d'exécution du programme de surproduction, qui est le but de toute la présente réforme.

La mission de chacune de ces Directions générales et Directions doit être exposée séparément.

DIRECTION DE LA PRODUCTION.

Si l'on tient la France pour un vaste domaine dont le revenu doit nous donner la sécurité alimentaire et en outre la richesse, le Directeur de la Production agricole doit en être considéré comme le régisseur général.

Il doit donc connaître parfaitement toutes les parties de ce domaine, toutes leurs ressources, toutes les améliorations à y apporter.

Autrement dit, il doit être en contact constant avec les offices régionaux et départementaux, et il doit agir en collaboration étroite avec l'Inspection générale de l'Agriculture et avec les Directions des Services agricoles.

Mais son action ne doit pas porter l'empreinte de la centralisation à outrance si fréquemment, et malheureusement si justement reprochée à toutes les administrations françaises.

Loin de prendre ses décisions et de donner ses instructions en s'inspirant d'un système conçu *a priori*, et en dehors des données fournies par les expériences et les vœux de chaque région, de chaque département, voire de chaque contrée d'un département, le Directeur de la Production devra avoir à cœur de remplir sa mission en tenant un compte scrupuleux des conditions et des nécessités locales. Il ne devra pas se faire l'esclave d'une théorie ni d'un programme abstrait; au contraire, l'impulsion qu'on attend de lui devra s'inspirer uniquement de la vie réelle, et le but qu'il devra poursuivre est d'obtenir de chaque région, de chaque contrée, de chaque parcelle de terre le maximum de ce qu'elle peut donner d'après sa nature, d'après les méthodes de culture et d'élevage qu'elle permet réellement.

La Direction de la Production aura donc surtout un caractère technique. Toutefois, malgré sa technicité, ce ne sera pas un laboratoire, ni un centre d'études purement théoriques. Ce sera un centre d'action, mais dont l'action sera d'autant plus efficace qu'il sera mieux informé.

Les informations lui seront régulièrement fournies par les Directeurs des Services agricoles et par les membres de l'Inspection générale de l'Agriculture, qui eux-mêmes recueilleront et au besoin provoqueront les avis et les vœux des offices départementaux et régionaux.

Ainsi munie des renseignements les plus abondants et les plus précis, la Direction de la Production devra se guider d'après eux pour réaliser les deux objectifs suivants :

1° Mettre en culture la plus grande surface possible du sol, en utilisant au mieux la nature de celui-ci, à l'aide des moyens les mieux appropriés aux conditions locales.

Dans cette tâche, la Direction de la Production devra agir en liaison étroite avec celle du Génie rural et de l'Aménagement des eaux et avec celle des Services économiques et sociaux.

2° Obtenir le maximum extrême de rendement par la sélection végétale et animale.

Cette tâche sera poursuivie en commun par la Direction de la Production et par tous les organes régionaux et départementaux de l'administration agricole.

D'autre part, la Direction de la Production n'aura pas à s'occuper seulement de la production directe du sol; mais aussi de toutes les transformations des produits opérées par les cultivateurs eux-mêmes, ou, en d'autres termes, de toutes les industries agricoles proprement dites : meunerie, laiterie, beurrerie et fromagerie, vinification, cidrerie, brasserie, distillerie, sucrerie, etc.

Enfin, une dernière tâche, très importante, est également dévolue à la Direction de la Production. Elle devra procéder chaque année aux opérations du recensement des récoltes et de recensement du cheptel, institués pendant la guerre. Il faut qu'en effet l'état de la production soit contrôlé à la fin de chaque campagne agricole, afin de suivre la marche de l'intensification, et de constater, en même temps que les résultats obtenus, l'ensemble des ressources nationales.

Cet inventaire sera en outre l'un des moyens de préparer le ravitaillement en cas de guerre ou d'autre calamité publique.

Quant à l'organisation intérieure de la Direction de la Production, elle devra avoir un caractère aussi technique que possible, et ses services devront être répartis par *produit* ou *catégorie de produits.* Par exemple, une section s'occupera de l'espèce bovine, une autre section de l'espèce ovine. La section s'occupera non seulement de l'accroissement et de l'amélioration du produit, mais aussi des questions relatives à la qualité et à la quantité des sous-produits, viande, cuir, laine, cornes, etc.

DIRECTION DU GÉNIE RURAL ET DE L'AMÉNAGEMENT DES EAUX.

Cette Direction devra avoir une vie très intense; c'est en effet de son activité, de son initiative que dépendront l'extension et le perfectionnement des moyens de production.

C'est à elle d'en faire des moyens de surproduction.

Elle comportera donc, d'une part, les Services du Génie rural, qui auront à s'occuper des améliorations foncières, y compris le remembrement, des constructions rurales, de l'outillage agricole, etc.; d'autre part, les Services de l'aménagement des eaux, qui auront notamment dans leur compétence la police des eaux et l'utilisation de la houille blanche.

L'importance de ce second groupe de Services ne le cède en rien à celle du premier. L'utilisation des chutes d'eau en vue de la production de l'énergie électrique est appelée à prendre, dans les diverses régions de houille blanche du pays, une importance chaque jour de plus en plus grande; aussi, au moment où vont se multiplier les installations d'usines hydro-électriques, la Direction qui a la mission de développer les moyens de produire aura-t-elle à jouer un rôle considérable dans les plans d'aménagement des cours d'eau, afin de réserver, en cas de concessions d'usines, le volume d'eau indispensable aux besoins de l'irrigation, de manière à sauvegarder les intérêts de l'Agriculture.

Cette dernière devra d'ailleurs profiter très largement de toutes les possibilités d'application de l'énergie hydro-électrique, non seulement pour l'organisation du travail mais aussi pour l'amélioration de la vie à la campagne.

En effet, l'extension donnée à l'emploi de la force électrique aura dans les campagnes des conséquences sociales considérables. Elle rendra la vie meilleure non seulement en allégeant le travail de l'homme en même temps qu'elle en accroîtra le rendement, donc le revenu, mais encore en augmentant le confort et le bien-être. Il n'est pas possible qu'une ferme éclairée à l'électricité et pourvue du téléphone conserve l'aspect maussade d'une vieille habitation rustique, où une lumière parcimonieuse luttait avec peine contre l'ombre des longues soirées d'hiver.

La direction du Génie rural et de l'Aménagement des eaux sera celle des ingénieurs des améliorations, des constructeurs de machines et des architectes ruraux.

Ses principaux services comprendront en effet :

L'aménagement du sol par les améliorations de toute nature, par le développement de la voirie rurale, par le boisement et l'engazonnement, enfin par le remembrement.

L'amélioration des bâtiments, habitations ou locaux d'exploitation.

L'amélioration et le développement de l'outillage, soit des instruments, soit des machines, ainsi que l'organisation de la culture mécanique (motoculture, applications de l'électricité).

Il faut bien répéter que, tout en ayant sa vie propre, la Direction du génie rural et de l'Aménagement des eaux doit travailler en étroite liaison avec la Direction de la Production agricole, à laquelle elle fournit les moyens de surproduire.

DIRECTION DES SERVICES ÉCONOMIQUES ET SOCIAUX.

Cette Direction sera chargée de préparer la mise en valeur des produits, de faciliter les rapports du capital et du travail, d'améliorer les conditions économiques et sociales de la vie des producteurs agricoles.

Un Service commercial aura pour but principal de préparer à l'Agriculture française la rémunération satisfaisante de ses efforts en travail et de ses avances en capital. C'est par l'étude des moyens permettant de se procurer dans les conditions les plus avantageuses tout ce qui est utile à la culture et à l'élevage scientifiquement organisés, par la recherche de débouchés avantageux, par l'application d'un système douanier non pas doctrinaire mais réaliste, par une bonne adaptation des transports, enfin par une amélioration des marchés et par une réglementation à la fois ferme et libérale des bourses de commerce, qu'il sera possible de faciliter les transactions et d'intensifier la production par l'attrait d'un gain réel et certain.

Elle comprendra d'autre part les services déjà existants du Crédit, de la Coopération et des Assurances mutuelles agricoles auxquels il y aura lieu de réunir tout ce qui concerne les autres associations — sociétés d'agriculture, syndicats agricoles, — ainsi que toutes les institutions de prévoyance intéressant les travailleurs des champs. Les groupements sont un facteur indispensable de la production agricole. Toutes ces organisations ne peuvent donc que prendre une très grande extension sous les formes les plus diverses. L'Administration devra stimuler toutes les initiatives, en les coordonnant et en les surveillant, en servant d'intermédiaire entre l'État, les agriculteurs syndiqués et prévoyants, les coopérateurs et les mutualistes, qui constituent l'élite du monde rural, et en mettant en rapports producteurs et consommateurs.

Plus spécialement, un Service financier exercera un contrôle sur toutes les organisations déjà existantes ou qui seront créées pour mettre des capitaux à la disposition de l'agriculture. Il est à prévoir que ces organisations prendront une très grande extension, sous des formes très diverses, depuis le crédit réel le plus strict jusqu'au crédit personnel le plus large. L'action du Service financier devra donc être à la fois prudente et bienveillante, car si, d'une part, elle doit assurer autant de crédit que possible au débutant qui n'apporte en somme comme garantie que son honneur, son intelligence et son travail, elle doit, d'autre part, offrir aux prêteurs de toute catégorie la sûreté que constitue l'intervention de l'État; et elle ne doit le faire qu'à bon escient.

Les questions économiques et sociales, qui deviennent de plus en plus importantes en agriculture, devront être suivies avec le plus grand soin par un autre Service de la

Direction des Services économiques et sociaux. Tous les problèmes relatifs à la propriété foncière seront examinés avec attention — valeur vénale et valeur locative de la terre, grande, petite et moyenne propriété, importance relative du capital foncier et du capital d'exploitation et des modes divers d'exploitation du sol. L'importance de ces questions, pour la rénovation de la production agricole, est de toute évidence ; or elles n'étaient jusqu'ici qu'envisagées sommairement.

Enfin, pour empêcher la dépopulation des campagnes, il y aura lieu d'apporter une attention toute particulière à toutes les questions concernant la main-d'œuvre agricole — placement, immigration, réglementation du travail, amélioration de la condition des travailleurs ruraux. Les rapports entre les divers producteurs agricoles auront, après la guerre, une importance toute particulière. On sait déjà combien, depuis dix ans, les relations entre employeurs et employés en agriculture avaient retenu l'attention des pouvoirs publics, et quel a été depuis la mobilisation le rôle du Service de la Main-d'œuvre agricole. La conservation de la main-d'œuvre agricole à la campagne et la bonne entente entre patrons et ouvriers auront une action primordiale dans l'intensification de la production.

L'influence de plus en plus grande des questions économiques et sociales en agriculture, aussi importantes parfois que les questions techniques, montre l'étendue du rôle que la Direction des Services économiques et sociaux aura à jouer dans l'organisation de l'«Agriculture de demain». Elle donnera aux agriculteurs le moyen de produire économiquement, d'avoir les capitaux nécessaires, de vendre à des prix rémunérateurs et d'être assurés contre les risques de toutes sortes auxquels leurs biens et leurs personnes sont exposés.

La surproduction agricole pourra se faire ainsi facilement et en toute sécurité.

DIRECTION DE L'ENSEIGNEMENT, DES SERVICES SCIENTIFIQUES ET SANITAIRES, ET DE LA RÉPRESSION DES FRAUDES.

La Direction de l'Enseignement et des Services scientifiques aura pour premier devoir de former, d'instruire tout le personnel agricole.

Et il ne faut pas prendre ces termes, le personnel, dans leur sens étroit, c'est-à-dire qu'ils ne concernent pas uniquement les fonctionnaires et agents relevant officiellement du Ministère, mais tous ceux qui, effectivement ou indirectement, coopèrent à la production agricole.

La loi sur la réorganisation de l'enseignement agricole, récemment votée par le Sénat, donne en ce sens des indications très précises.

La Direction de l'Enseignement ne devra pas seulement assurer le recrutement et l'instruction des professeurs d'agriculture, des ingénieurs agronomes, des vétérinaires et des chimistes, c'est-à-dire de tous les techniciens qui poursuivent jusqu'au bout des études supérieures indispensables au progrès de la production.

Elle devra se préoccuper, avec un souci aussi grand, de tous les travailleurs qui sont les hommes de l'armée agricole.

L'enseignement primaire agricole doit en effet être organisé avec d'autant plus de soin que, presque toujours, il sera bref et irrégulier.

Une des grandes conditions de succès est de le rendre attrayant, car il ne faut pas oublier qu'il s'adresse à des travailleurs accomplissant chaque jour un effort notable, qui ne permet guère un surcroît de fatigue.

C'est dire le grand rôle que doit jouer dans cet enseignement la propagande proprement dite par conférences courtes et substantielles, par livres, traités précis, par l'image, et surtout par l'image animée, par le cinéma.

C'est d'ailleurs l'exemple du *cinéma* qu'il faut prendre pour montrer l'orientation moderne et vivante que doit prendre la Direction de l'enseignement.

Les idées issues de longs travaux scientifiques, les expériences minutieusement conçues et menées à bien dans les laboratoires et dans les stations de recherches ne peuvent être présentées dans une forme savante au grand public agricole.

La vulgarisation par la presse risque de rester incomplète ou tout au moins mal comprise,

Mais qui n'a le temps ou le souci de lire un livre, voire un journal, trouvera plaisir à suivre une démonstration rendue vivante par le cinéma, et sera saisi malgré lui par la force indiscutable de la preuve apportée sur l'écran. Un spectacle de quelques minutes agira plus fortement et surtout plus utilement qu'une lecture entreprise avec ennui et souvent avec méfiance.

La Direction de l'Enseignement aura donc la charge de tous les moyens d'instruction applicables à l'Agriculture, depuis l'Institut agronomique jusqu'à l'organisation des tournées cinématographiques qui feront connaître, jusque dans les plus petits villages, les nouvelles méthodes de culture, les perfectionnements de l'outillage, en un mot toutes les découvertes propres à augmenter le rendement de la production.

A cette Direction seront rattachés tous les Services sanitaires et scientifiques, stations de recherches, laboratoires, y compris ceux de la répression des fraudes. Réprimer la fraude, c'est encore, à un certain point de vue, instruire le producteur en lui faisant connaître les ruses qui menacent le travail honnête, en le mettant en garde contre le falsificateur et le contrefacteur.

Ainsi, tous les Services de l'enseignement (soit supérieur, soit professionnel et pratique, soit enfin par vulgarisation et propagande) seraient groupés dans cette seule et unique Direction.

Peut-être cependant, en raison du contact étroit qui devra exister entre le producteur, d'une part, et, d'autre part, le personnel des Directions départementales — chargées surtout d'intensifier la production, — pourrait-on envisager le rattachement à la Direction de la Production de tout ce qui, dans l'enseignement, est plus spécialement vulgarisation et propagande.

DIRECTION GÉNÉRALE DES FORÊTS ET DIRECTION DES HARAS.

Ces deux grands services peuvent être considérés comme des administrations spéciales, chargées de gérer des portions importantes du domaine de l'État, et chacune d'elles forme un tout homogène, suffisamment important, et régi par un personnel de bons techniciens.

Ils subsisteront donc jusqu'à nouvel ordre; toutefois, tout le service des eaux et de l'hydraulique sera rattaché à la Direction du Génie Rural.

On pourrait aussi concevoir que la Direction générale des Forêts et la Direction des Haras fussent retranchées de l'Administration centrale, et constituées en régies autonomes, en services extérieurs rattachés pour ordre à la Direction de la Production agricole.

DIRECTION GÉNÉRALE DE L'AGRICULTURE.

L'organisation nouvelle serait incomplète, si elle présentait ce défaut de cohésion si souvent reproché à l'état de choses actuel. Ce mal n'est pas d'ailleurs propre au Ministère de l'Agriculture.

En effet, trop souvent, les grands Services administratifs ne vivent pas dans un contact étroit et se trouvent même parfois en conflit.

Un pareil état d'esprit ne peut exister dans un Ministère qui ne doit avoir qu'un but : diriger la production du sol, pour l'intensifier et l'accroître sans cesse.

Pour toutes ces raisons, il paraît donc nécessaire d'instituer une Direction générale de l'Agriculture, afin d'assurer la liaison entre les autres Directions et de coordonner leurs travaux en vue d'une impulsion commune.

L'exemple le plus concret que l'on puisse donner de la tâche de cette Direction générale est le suivant : Une affaire vient au Ministère, intéressant à la fois la Direction de la Production, celle du Génie rural et une troisième Direction. Actuellement, les trois Directions seraient saisies séparément; elles étudieraient successivement l'affaire; peut-être émettraient-elles des avis différents, en proposant des solutions contradictoires. Peut-être se produirait-il un conflit entre elles, peut-être aussi aboutirait-on à l'une de ces demi-mesures qui retardent, pour de longs mois, peut-être pour des années, l'effet des meilleures initiatives. En tout cas, même avec une solution favorable, il y aurait une inévitable perte de temps.

C'est à la Direction générale de l'Agriculture que devront être réservées les affaires de cette nature. Elle les fera étudier par toutes les Directions intéressées, chacune suivant sa compétence; cette étude sera simultanée, et se fera donc sans perte de temps. Puis la Direction générale centralisera les avis et les conclusions présentées par les Directions; s'il y a lieu, elle établira l'accord entre elles, et le cas échéant, si l'accord ne peut se faire, c'est elle qui proposera au Ministre la décision jugée par elle la meilleure.

La Direction générale assurera les rapports avec les autres Ministères; elle sera chargée de la préparation des lois et règlements, puis du contrôle de leur application; elle centralisera toutes les informations que devront lui fournir les autres Directions et elle répartira le travail entre celles-ci. D'ailleurs, il sera institué un Comité des Directeurs qui renforcera la liaison régulière entre les Directions.

La Direction générale aura, dans la personne des Inspecteurs généraux, ses principaux organes d'information et de contrôle. C'est elle, d'ailleurs, qui doit centraliser tous les renseignements nécessaires, soit aux autres Services, soit au public. C'est d'elle seule également qu'émaneront les informations recueillies par ses soins dans les publications officielles, administratives ou scientifiques du Ministère.

Bref, sa mission principale sera d'assurer la continuité et l'homogénéité des travaux des Directions et des Services extérieurs. C'est d'elle que dépendront, dans ce but, non seulement le personnel de l'Administration centrale, mais aussi ceux de l'Inspection générale de l'Agriculture et des Services agricoles départementaux.

L'institution de la Direction générale ne doit d'ailleurs porter aucune atteinte aux prérogatives des Directeurs qui, pour toutes les affaires intéressant la Direction de chacun d'eux, continueront à travailler sous l'autorité directe du Ministre.

De tout l'exposé qui précède, résulte le plan de réorganisation donné ci-après :

I. CABINET DU MINISTRE.

Maintien de toutes les attributions actuelles, notamment dépouillement du courrier à l'arrivée et centralisation des pièces à soumettre à la signature du Ministre.

En outre, le Comité des Directeurs, dont la création est projetée, sera rattaché directement au Cabinet.

II. DIRECTION GÉNÉRALE DE L'AGRICULTURE.

Attributions d'ordre général.

Instruction des affaires intéressant plusieurs Directions et, le cas échéant, proposition de décision sur ces affaires;

Personnel de l'Administration centrale;

Personnel de l'Inspection générale de l'Agriculture et des Services agricoles départementaux.

Budget et comptabilité.

Service juridique.

Préparation des textes législatifs et réglementaires;

Contrôle général de l'application des lois et règlements relatifs à l'agriculture.

Service d'informations documentaires.

Office central public de renseignements, de traduction et de statistique;

Bibliothèque générale et archives;

Publications.

III. DIRECTION DE LA PRODUCTION AGRICOLE.

Production végétale.

Céréales, plantes fourragères, plantes industrielles, cultures maraîchères, fruitières et arbustives, etc. Variétés de semences améliorées. Engrais. Assolements.

Application des méthodes phytopathologiques.

Production animale.

Espèce bovine; espèces ovine et caprine; espèce porcine; animaux de basse-cour; sériciculture; apiculture; pisciculture, etc. Races de reproducteurs améliorés. Alimentation. Hygiène. Amélioration des méthodes de production.

Application des méthodes préventives contre les épizooties et autres maladies des animaux.

Centres d'expérimentation et d'élevage.

Essais culturaux et d'alimentation ; livres généalogiques des races et variétés animales et végétales ; contrôle des animaux reproducteurs et des semences,

Concours agricoles.

Industries agricoles.

Meunerie, laiterie, vinification, cidrerie, brasserie, distillerie, sucrerie, huilerie, etc. ; petites industries.

Statistiques de la production agricole.

IV. DIRECTION DU GÉNIE RURAL ET DE L'AMÉNAGEMENT DES EAUX.

1° GÉNIE RURAL.

Améliorations foncières.

a. Irrigations ; drainage.
b. Voirie rurale ;
c. Remembrement, aménagement de la propriété foncière ;
d. Plantations et mise en valeur des terres pauvres et incultes ;
e. Améliorations agricoles diverses.

Constructions rurales.

a. Habitations ;
b. Bâtiments de ferme ;
c. Bâtiments d'industries annexes.

Outillage.

a. Installations hydro-électriques ; moteurs à vapeur, à carburants (essence, pétrole, alcool) ;
b. Matériel agricole d'extérieur et d'intérieur de ferme ;
c. Matériel des industries agricoles.

Organisation de concours.

Concours de constructions rurales et installations diverses, d'améliorations foncières, etc., participation à ces concours, recherches expérimentales sur l'outillage agricole.

Organisation des Associations syndicales se rapportant au Génie rural.

Statistique de l'Outillage agricole et des Améliorations agricoles.

2° AMÉNAGEMENT DES EAUX.

Police et entretien des cours d'eau;
Grands canaux d'irrigation;
Assainissements; desséchements;
Houille blanche;
Adductions d'eau potable;
Associations syndicales se rapportant à l'aménagement des eaux.

V. DIRECTION DES SERVICES ÉCONOMIQUES ET SOCIAUX.

A
Commerce
agricole
et
Régime
douanier.

I. *Commerce des matières premières nécessaires à l'Agriculture. — Commerce des Produits agricoles.*
    a. Approvisionnements;
    b. Débouchés;
    c. Transports;
    d. Protection des produits, marques d'origine;
    e. Fixation des prix.
II. *Statistique du Commerce agricole : Marchés et Bourses de commerce. — Importations et exportations.*
III. *Régime douanier* en France et à l'étranger.

B
Crédit,
Coopération
et
Mutualité
agricoles.

I. *Crédit agricole.*
    a. Sociétés locales et régionales de crédit agricole mutuel;
    b. Service de contrôle financier.
II. *Syndicats et Coopératives agricoles.*
    a. Syndicats agricoles divers;
    b. Sociétés coopératives de production, de transformation et de vente de produits agricoles.
    c. Sociétés coopératives d'achat, d'approvisionnement et de consommation. — Ententes entre producteurs et consommateurs.
    d. Sociétés coopératives de construction.
    e. Sociétés d'agriculture. — Comices agricoles, associations agricoles diverses.
III. *Mutualité et Prévoyance agricoles.*
    a. Assurances mutuelles agricoles.
    b. Réassurances mutuelles agricoles.
    c. Institutions de prévoyance agricole (secours mutuels, assurance-vie, etc.). — Hygiène rurale.

C
Économie
rurale
et
sociale.

I. *La Propriété foncière.*
    a. Capital foncier et capital d'exploitation;
    b. Grande, petite et moyenne propriété;
    c. Modes d'exploitation du sol (culture directe, fermage, métayage);
    d. Régime de la propriété foncière dans ses rapports avec l'agriculture; propriété et servitudes; livre foncier et titres de propriété; régime et situation hypothécaire; régime fiscal.
II. *Les producteurs agricoles.*
    a. Propriétaires;
    b. Fermiers et Métayers, Régisseurs;
    c. Main-d'œuvre agricole (ouvriers agricoles, salaires, placement, réglementation du travail agricole. Relations entre employeurs et employés).

VI. DIRECTION DE L'ENSEIGNEMENT AGRICOLE.

I. Services de l'enseignement.

A. Enseignement supérieur agricole et vétérinaire.
- Institut national agronomique ;
- Écoles nationales d'agriculture ;
- École nationale d'horticulture ;
- Écoles nationales vétérinaires.

B. Enseignement technique et professionnel.
- Écoles des industries agricoles, de laiterie, de mécanique agricole, etc.
- Écoles d'agriculture (écoles pratiques, fermes-écoles, etc.).
- Écoles d'apprentissage (pour les ouvriers agricoles)..
  - a. Mécaniciens ruraux ;
  - b. Bergers ;
  - c. Laitiers ;
  - d. Autres spécialistes.

C. Enseignement populaire.
- Enseignement scolaire et postscolaire.
- Enseignement saisonnier..........
  - Écoles d'hiver ;
  - Écoles ménagères ;
  - Cours ambulants.

II. Services de vulgarisation des connaissances agricoles. ...
- A. Par les conférences et le cinéma ;
- B. Par le livre et les tracts de propagande.

III. Service de recherches......
- Stations agronomiques, œnologiques, phytopathologiques, etc.

IV. Services de renseignements et de la répression des fraudes................
- A. Météorologie agricole.
- B. Laboratoires ....
  - a. Renseignements aux cultivateurs (terre, engrais, fourrages, etc.).
  - b. Répression des fraudes.

V. Services sanitaires.

VII. DIRECTION GÉNÉRALE DES FORÊTS.

VIII. DIRECTION DES HARAS.

RÉFORME DE LA VIE ADMINISTRATIVE.

Le groupement logique des services de l'Administration centrale de l'Agriculture, tel qu'il résulte du plan qui vient d'être exposé, doit être complété *par la réforme des méthodes de travail, c'est-à-dire par une adaptation totale de la vie administrative aux besoins de la vie économique.*

Il n'est pas très utile de faire ici la critique de ce qui existe actuellement, car elle résultera immédiatement de l'exposé de ce qui doit être désormais. Disons seulement que chaque département ministériel doit avoir son caractère propre, et qu'il n'est plus permis de déterminer les modes de son activité par analogie avec une règle prétendue nécessairement commune à tous les Ministères ; ce serait risquer de la détourner plus ou moins de sa véritable action.

Or le Ministère de l'Agriculture doit être, avant tout, la Maison des Agriculteurs.

Étant le centre directeur de l'activité agricole, il faut qu'il soit largement et facilement accessible à tous ceux qui prennent part à cette activité. Quiconque vient y chercher soit la solution d'une affaire, soit simplement un renseignement, doit obtenir rapidement une décision ou une réponse.

L'installation des services doit se baser sur cette règle, que le temps des travailleurs de tout ordre est précieux et ne doit pas être gaspillé en vaines attentes, en démarches incertaines, en pourparlers sans but.

L'application de cette règle ne peut se réaliser qu'à l'aide d'un personnel d'élite et dans un immeuble spécialement approprié.

PERSONNEL.

Déjà avant la guerre toutes les administrations rencontraient de grandes difficultés à recruter leur personnel. Ces difficultés paraissent augmenter d'année en année, puisqu'un certain nombre de concours administratifs spécialement organisés pour les réformés n'ont pu avoir lieu faute de candidats, ou n'ont pu réunir qu'un chiffre insuffisant de concurrents.

Cette aversion des jeunes gens à devenir fonctionnaires remonte à une dizaine d'années. Il n'est pas inutile de constater que son apparition coïncide avec le moment où l'État, tenant compte des revendications corporatives des fonctionnaires en exercice, avait pris quelques mesures pour renforcer la situation morale et matérielle de ceux-ci.

Donc, pour les générations élevées suivant les programmes universitaires de 1902, ces garanties n'ont pas un attrait suffisant pour compenser la médiocrité des traitements, et l'obligation de servir pendant une longue suite d'années pour obtenir une retraite.

Certes, il faut se réjouir, pour notre prospérité nationale, de voir l'élite de la jeunesse réserver au commerce, à l'industrie, à l'agriculture, la prédilection donnée autrefois aux carrières administratives. Pourtant il est alarmant de penser que si une réforme n'intervient pas dans un avenir assez prochain, l'État ne pourra plus compter que sur les services de sujets médiocres ou indolents.

Il ne faut pas oublier en effet que si les mesures proposées plus loin ne peuvent être appliquées très prochainement l'État aura été devancé dans son choix par les banques, par les usines, par les exploitations agricoles, par les maisons de commerce, qui se seront attaché, par des avantages sérieux, l'élite de la jeunesse, en ce moment aux armées.

Un premier point est certain. Le souci de s'assurer une retraite, de préparer la paix des vieux jours, n'a plus l'importance qu'il avait naguère. Ou plutôt, il est résolu par d'autres voies. On trouve dans les gains industriels ou commerciaux, dans les affaires, non seulement une vie plus large que l'existence du fonctionnaire, mais encore des ressources suffisantes pour préparer par soi-même la sécurité des années de repos.

Pour avoir de bons fonctionnaires, l'État doit franchement et résolument tenir compte de cette mentalité nouvelle.

En raison du grand rôle qu'il doit jouer dans la reconstitution nationale, le Ministère de l'Agriculture est celui dont la réforme est la plus urgente.

Il ne s'agit pas de toucher à des droits acquis, ni de menacer des situations respectables.

Il faut trouver dès à présent, pour réorganiser les services et aussi pour combler les vides causés par la guerre parmi un personnel qui a largement payé sa dette à la Patrie, des techniciens et des administrateurs imbus d'idées modernes.

Seul, l'attrait d'une situation équivalente à celles qu'offrent à un homme actif et intelligent le commerce et l'industrie pourra permettre à l'administration de l'Agriculture le recrutement de l'élite dont elle a besoin.

Seul aussi, le concours de cette élite lui permettra de rendre à la vie privée ceux de ses fonctionnaires qui ont droit au repos, et aussi, disons-le nettement, ceux qui ne voudraient pas s'adapter à la vie administrative nouvelle.

Car si l'État doit à ses collaborateurs de choix des traitements en rapport avec leur valeur, il ne saurait rétribuer les loisirs des indolents, ni offrir l'avantage d'un salaire d'appoint à ceux qui se jugent trop actifs pour être absorbés entièrement par leur service.

Il faut poser comme règle sévère que le fonctionnaire bien payé doit à l'État, non seulement une présence effective, mais toute son activité, toutes ses idées. La fonction d'État est incompatible avec tout autre emploi qui détourne le fonctionnaire de cette fonction, qui diminue la valeur du travail qu'il doit à l'État.

Il faut donc que le Ministère de l'Agriculture puisse disposer de crédits suffisants :

1°) Pour relever les traitements du personnel actuel reconnu nécessaire, et pour être à même de récompenser, le cas échéant, par des avantages exceptionnels, les fonctionnaires qui se seront signalés par des services remarquables ou qui, faute de vacances, n'obtiendraient pas dans un délai normal l'avancement qui justifierait leur mérite ;

2°) Pour assurer les traitements des emplois dont la création sera reconnue utile ; ces créations seront d'ailleurs faites avec la plus stricte réserve et seront compensées, dans une très grande mesure, par la suppression des postes ou des fonctions devenus inutiles.

3°) Pour offrir aux fonctionnaires dont les services actuels seraient tenus pour insuffisants et qui ne pourraient pour ce motif être proposés pour aucun avancement une indemnité convenable pour cessation définitive de services.

En outre, un crédit devra être ouvert au Ministère des Finances pour la mise à la retraite éventuelle d'un certain nombre de fonctionnaires de l'Agriculture.

Il est incontestable que le relèvement des traitements est le plus sûr moyen d'avoir de bons fonctionnaires. Toutefois, il ne suffirait pas pour attirer et surtout pour retenir un personnel de valeur supérieure.

Nous avons vu que la garantie d'une retraite est beaucoup moins prisée qu'elle ne le fut autrefois. Convient-il donc d'en prévoir la disparition et d'appliquer aux futurs fonctionnaires de l'Agriculture un régime différent de celui de la loi de 1853 ?

A la vérité, ces fonctionnaires se trouveraient ainsi placés sous un régime d'exception. Mais n'oublions pas qu'ils entreront au service de l'Agriculture parce qu'ils y trouveront un traitement équivalent au salaire commercial sur lequel ils auraient réalisé les économies nécessaires à leur vieillesse, et non pas parce qu'ils accepteront, en vue d'une retraite automatique, un traitement médiocre. Il faut donc prévoir pour eux le statut moderne qui convient à une administration moderne.

Il faut les attacher au service de l'État surtout par un avancement qui, récompensant le mérite de chacun, permette un accès suffisamment rapide à un traitement vraiment élevé pour les sujets d'élite et vraiment honorable pour les bons serviteurs.

Tout fonctionnaire, à qui l'insuffisance de ses services ne permettrait pas d'espérer cet avancement, ou qui voudrait se retirer pour toute autre cause au bout de quelques années, pourrait renoncer à ses fonctions sans avoir le chagrin de perdre des annuités qu'il aurait versées pour sa retraite.

Et, d'autre part, l'État pourrait congédier, moyennant versement d'une indemnité proportionnelle aux années de services, le fonctionnaire notoirement reconnu incapable d'avancer, et dont la présence est une cause d'encombrement. Les sommes payées pour les indemnités de cette nature seraient compensées par des économies réalisées grâce au non-payement des traitements qu'il aurait fallu, pendant de longues années, attribuer à des fonctionnaires donnant un petit rendement de travail, donc en surnombre, et grâce aussi au non-payement de retraites auxquelles ils auraient eu droit.

La cessation des services pour cause de congédiement sera, d'ailleurs, entourée de toutes les garanties propres à éviter tout arbitraire à l'égard de l'intéressé.

En ce sens, par exemple, on peut admettre que la décision de congédiement ne pourrait être prise qu'après que le fonctionnaire aurait été affecté, par trois fois successives, à des services différents et qu'il aurait été l'objet, après quelques mois d'activité, dans chacun de ces trois services, d'un rapport défavorable de chacun de ses chefs consécutifs.

Ceci dit, il faut maintenir, non pas la retraite, mais la pension comme récompense suprême à tous ceux dont l'État aurait entendu conserver les services pendant plus de vingt-cinq années, avec un maximum pour trente années.

Traitement élevé, avancement certain et suffisamment rapide, seront donc les deux moyens de recruter, puis de récompenser le personnel de l'Agriculture.

Mais il devra justifier ces avantages par des qualités réelles d'intelligence, de caractère et de savoir.

En effet, tout agriculteur, tout agronome qui s'adresse au Ministère doit pouvoir y rencontrer immédiatement le fonctionnaire ayant compétence pour le diriger dans ses démarches, ou pour lui fournir le renseignement dont il a besoin.

A l'échelon supérieur de la hiérarchie, il faut de même que le chef de service ait l'expérience voulue pour prendre rapidement une décision dûment motivée.

En un mot, le fonctionnaire d'un département économique, qui a affaire avec des hommes d'action, doit être lui-même un homme d'action, ayant en plus toute l'autorité d'un conseiller, qui doit être écouté, ou aussi celle d'un administrateur appliquant la loi.

C'est pourquoi l'accès de l'administration centrale doit être largement ouvert, à tous les degrés de la hiérarchie, aux fonctionnaires des services extérieurs qui joignent au savoir technique l'expérience de la vie administrative, et qui, surtout, ont le grand mérite de connaître très exactement le véritable monde agricole. Parmi ceux-là, il faudra choisir ceux qui se sont signalés comme des administrateurs diligents et sachant bien toute l'importance qu'il y a à agir et à décider à propos.

Les techniciens doivent composer la majorité des fonctionnaires de l'Administration centrale. A côté de ceux provenant des services extérieurs, il faut donc réserver une place importante, principalement à l'entrée de la hiérarchie, aux élèves diplômés des grandes écoles de l'Enseignement agricole, ainsi qu'aux jeunes gens pouvant faire preuve d'études scientifiques équivalentes.

Avec le même soin, il faudra recruter les spécialistes tels que les juristes, les statisticiens, les calculateurs, les dessinateurs, les bibliothécaires, les traducteurs, etc., parmi les fonctionnaires de l'Agriculture ou les candidats préparés à leur emploi par de sérieuses études antérieures.

Il n'est pas nécessaire de suivre l'errement actuel du concours à l'entrée de la carrière. Les épreuves n'en sont pas suffisamment probantes, et pourtant elles sont souvent conçues de telle sorte qu'elles peuvent écarter d'excellents spécialistes.

Il vaut mieux adopter, pour les candidats qui ne proviennent pas des services extérieurs de l'Agriculture, la règle du stage probatoire rétribué. Les stagiaires, admis et classés sur vérification de leurs titres professionnels ou universitaires, auraient à subir au bout de deux ans un examen sur les connaissances acquises pendant le stage. En cas de succès, ils seraient titularisés dans un emploi de rédacteur ou de fonctionnaire assimilé, et ils auraient droit à l'avancement, concurremment avec les fonctionnaires des services extérieurs, mais à l'exclusion de toute personne étrangère à l'administration de l'Agriculture.

L'accès aux emplois supérieurs appartient ainsi uniquement à ceux des fonctionnaires de l'Administration centrale et des services extérieurs en qui l'exercice de leur fonctions aura révélé, au bout de plusieurs années, les qualités de véritables administrateurs.

En ce sens, il faudra préférer de beaucoup le système de l'avancement au choix à celui de l'ancienneté. Il faut considérer l'accès à l'emploi supérieur, non pas comme un droit automatique créé par une longue présence, mais comme une récompense légitime par laquelle l'État s'attache ses meilleurs serviteurs. L'avancement automatique par ancienneté est une prime à l'indolence; au contraire, le choix stimule le zèle et avive les qualités de l'intelligence.

Reste enfin la question de la limite d'âge. Il existe de nombreux exemples de vitalité intellectuelle parmi des hommes d'âge déjà avancé, et il paraît assurément arbitraire de fixer un terme précis au déclin de l'activité humaine.

Il faut pourtant adopter une règle ferme, pour éviter que des raisons d'ordre sentimental fassent maintenir, au poste où il faut un administrateur actif, un fonctionnaire fatigué qui ne peut plus rendre que des services diminués.

Il faut d'ailleurs noter que, d'après tout le système qui vient d'être exposé, les fonctionnaires qui atteindront la limite d'âge extrême ne seront pas très nombreux, appartiendront tous à des grades élevés ou relativement élevés, et auront droit, après vingt-cinq ou trente années de services, à une pension.

Dans ces conditions, et en estimant à 35 ans l'âge extrême de l'entrée dans l'Administration, l'âge inéluctable de la cessation des services devrait être 65 ans pour les grades les plus élevés, 6o ans pour les grades moyens, et 55 ans pour tous les autres.

Ce ne serait qu'une application, aux administrations civiles, des règles de la limite d'âge suivies dans l'Armée.

Cependant, quelques très rares exceptions pourraient être prévues, soit pour permettre à un fonctionnaire, entré tard dans l'Administration, de parfaire le nombre des années de services lui donnant droit à la pension; soit, aussi, pour maintenir temporairement en activité un administrateur ou un technicien remarquable, ou encore un fonctionnaire chargé d'une tâche qu'il est préférable de lui laisser accomplir jusqu'au bout. Mais ces prolongations devront, nous le répétons, avoir un caractère absolument exceptionnel; elles ne devraient donc être autorisées que par arrêté motivé du Ministre et pour une période d'un an qui ne pourrait être renouvelée que deux fois. Ainsi, dans l'hypothèse la plus rare et la plus extrême, les limites d'âge seraient respectivement de 68 ans, 63 ans, 58 ans.

En résumé, dans un Département économique tel que l'Administration de l'Agriculture, l'intérêt de l'État est de n'avoir que de bons techniciens et des administrateurs actifs, d'écarter les médiocres et les indolents, et de s'attacher par des traitements sérieux et par un avancement récompensant le mérite des fonctionnaires prenant réellement, sincèrement part à la vie agricole du pays.

INSTALLATION MATÉRIELLE DES SERVICES.

Projet de construction d'un immeuble pour le Ministère de l'Agriculture. — L'installation matérielle des services d'une Administration a une très grande importance pour la vie de cette Administration.

Or aucun des Départements ministériels n'est présentement installé dans un immeuble qui ait été construit spécialement pour ses services.

Évidemment, lors de l'affectation aux divers Ministères des bâtiments qu'ils occupent actuellement, le contact entre les administrations et les particuliers n'avait pas le même caractère qu'aujourd'hui. Les déplacements étaient moins faciles, et les bureaux n'avaient guère à faire qu'avec le « public » parisien, et même avec une fraction réduite de ce public. Mais à mesure qu'évoluaient les conditions de la vie matérielle, et surtout celles de la vie sociale, à mesure que les institutions devenaient plus démocratiques, le nombre de ceux qui venaient eux-mêmes présenter leurs demandes ou leurs réclamations au siège des Administrations centrales ne cessait de s'accroître ; par là même, le nombre des « affaires » augmentait, ce qui avait pour conséquence une extension continue des services, du nombre des fonctionnaires et des bureaux.

On tenta de s'adapter à ces conditions nouvelles par des moyens de fortune. Lorsque les bureaux nouveaux eurent envahi jusqu'aux combles et jusqu'aux sous-sols des vieux immeubles, on installa des annexes dans des ailes économiquement construites, mal reliées au bâtiment principal, ou encore dans des appartements d'immeubles privés. Cette organisation de fortune est arrivée à son apogée pendant la guerre, mais elle existait déjà depuis longtemps pendant la paix, sans qu'aucune circonstance exceptionnelle la justifiât.

L'idéal n'est plus, pour une grande Administration, d'être installé dans un édifice historique, ou fameux par l'élégance de ses lignes ou par la beauté de ses jardins. C'est plus modestement, mais aussi plus pratiquement, d'être vraiment chez elle, dans une maison qui soit à la fois la sienne et celle des citoyens dont elle défend les intérêts.

Si l'on avait employé, pour réaliser cette idée, tout l'argent dépensé en constructions mal venues, en « expédients locatifs », il est hors de doute que la plupart des Ministères posséderaient aujourd'hui leur immeuble, bien distribué, facilement accessible au public dans tous ses points, permettant un contact permanent des services.

Ce que doit être le bâtiment d'un Ministère, cela est assez aisé à concevoir : étant l'édifice où seront centralisés l'ensemble des services de tout un département d'État, il doit tout d'abord être assez vaste pour les contenir tous. Il doit permettre de les y grouper d'une façon logique, de telle sorte que leur chef, le Ministre, les ait bien sous la main et puisse, à tout moment, communiquer librement avec l'un quelconque d'entre eux. Il faut de même que les services d'un même Ministère aient entre eux des communications aisées, car la pire des choses est qu'ils puissent s'ignorer l'un l'autre, et qu'il se crée entre eux des cloisons étanches. Rien de tel en effet pour empêcher ou du moins pour retarder indéfiniment la solution des affaires.

Il faut songer ensuite aux nombreux employés, aux fonctionnaires de toutes catégories qui devront, pendant une grande partie de leur existence, y vivre chaque jour, et y fournir un travail que l'on doit s'efforcer de rendre aussi productif que possible. Il faut donc, par tous les moyens possibles, leur permettre d'accomplir ce travail dans les meilleures conditions; leur donner, par suite, des bureaux clairs, aérés, rigoureusement propres où l'on évitera soigneusement l'encombrement des dossiers inutiles; et qui seront pourvus d'un ameublement sinon luxueux, du moins confortable et pratique. De cette façon seulement, l'État pourra tenter d'appliquer au travail de ses Administrations les principes du système Taylor, afin d'en obtenir le meilleur rendement possible.

Enfin, il ne faut pas oublier que le but et les raisons d'être de toute Administration, c'est de servir, dans un sens déterminé, l'intérêt général. C'est dans les édifices affectés aux services publics, c'est par l'intermédiaire des fonctionnaires qu'ils y rencontrent, que les particuliers prennent contact avec l'État. Il faut de toute nécessité éviter que ce contact comporte des heurts et des froissements. Il faut que non seulement l'intéressé trouve au Ministère ce qu'il y est venu chercher, mais encore qu'il le trouve facilement et rapidement, qu'il soit renseigné d'une façon exacte et précise, qu'il puisse sans peine se rendre d'un service à un autre.

Il faut, en un mot, qu'il emporte de sa visite une impression d'ordre, de clarté, d'activité.

Nous n'oserions affirmer qu'il en soit toujours ainsi actuellement. Nos Ministères se présentent pour la plupart comme d'anciens et vastes hôtels, que l'on a, ainsi que nous l'avons déjà dit, flanqués de bâtiments annexes. Aussi offrent-ils des parties très dissemblables. Voici d'abord les locaux réservés au Ministre et à son Cabinet : escalier monumental, antichambre imposante, salles aux larges dimensions, meubles, peintures, tapisseries, vestiges d'une autre époque qui souvent ne manquent pas de charme, mais qui parfois évoquent toute autre idée que celle d'austères travaux. Et que de graves questions soient étudiées et débattues dans le cadre élégant et léger d'un salon ou d'un boudoir, il n'y a là peut-être qu'un inconvénient très relatif.

Mais, dès qu'on aborde des bureaux proprement dits, le décor change. Ce sont alors, trop souvent, au long de couloirs interminables, sombres, des locaux exigus, mal éclairés, mal aérés, meublés sommairement, mais encombrés de paperasses poussiéreuses, d'inévitables cartons verts bondés de vieux dossiers qui, pour la plupart, ont perdu tout intérêt. C'est, en un mot, le triomphe du défaut d'hygiène et du manque de confortable. Et c'est là, dans ces pièces sans agrément ni commodité, dans cette ambiance d'où se dégage une impression d'incurie, de tristesse et d'ennui, qu'un ou plusieurs employés sont condamnés à passer leurs jours, et à accomplir le travail qui leur est demandé. On s'explique qu'ils aient parfois la tentation d'abréger leur temps de présence en de tels lieux. Et comment dans de telles conditions, qui constituent un insurmontable obstacle à toute organisation rationnelle, ce travail pourrait-il avoir le rendement et l'utilité qu'on serait en droit d'en attendre? Et le particulier qui, obligé de faire une démarche auprès d'un des services du Ministère, a fini, après avoir longtemps erré d'étape en étape, de couloir en couloir et de bureau en bureau, par trouver l'employé susceptible de lui donner le renseignement dont il a besoin, ou le bureau où il pourra trouver le dossier de l'affaire qui l'intéresse, — heureux encore s'il n'apprend pas que le service compétent se trouve dans un autre bâtiment, souvent dans un autre quartier, — peut-il ne pas remporter, de ses fastidieuses pérégrinations, un sentiment d'irritation et de méfiance contre l'État?

C'est à ces causes qu'il faut en grande partie attribuer le discrédit, d'ailleurs exagéré, dont est entourée notre Administration; c'est grâce à de tels errements qu'a vu se constituer l'antipathique et rébarbative physionomie du personnage symbolique que l'on a appelé M. Lebureau. Généralisation injuste, qui atteint d'une façon imméritée quantité de fonctionnaires consciencieux, intelligents et probes, qui sont souvent les premiers à souffrir d'un état de choses dont ils ne sont pas responsables.

Veut-on voir maintenant ce que peuvent être les Ministères d'un grand pays?
«Tout le long d'un parc, s'échelonnent les divers Ministères. On entre librement,
«sans portier à consigne et à trousseau de clés, dans l'un quelconque de ces Palais; et
«là, on se sent petit sous la coupole d'un vaste hall, d'une belle architecture classique,
«dans lequel débouchent de grands couloirs dallés de mosaïques, tapissés de marbre
«blanc. Sur ces couloirs s'ouvrent des pièces hautes, claires, bien ventilées. Partout
«règne une douce chaleur. Les regards plongent, par les portes entr'ouvertes, tantôt
«sur une salle de restaurant, un bureau de poste, un bureau télégraphique, une
«boutique de journaux et de revues, une officine de coiffeur, un salon-bibliothèque
«à l'usage du personnel où l'on peut librement s'asseoir en de confortables fauteuils;
«enfin sur de nombreux cabinets de travail.

«Interrogeant sa mémoire, on ne peut trouver à tout cet ensemble de points de
«comparaison qu'en songeant à un cercle de gens du monde, qui posséderait par
«surcroît inusité une quantité de cabinets où l'on peut travailler. Dans chacun de ces
«cabinets, un seul employé est assis dans un fauteuil à pivot, devant une table non
«encombrée, d'où il dicte des lettres ou des documents à une dactylographe installée
«devant sa machine dans un coin de la pièce. Il a devant lui un appareil téléphonique
«dont il se sert à chaque instant pour communiquer avec ses collègues soit du même
«service, soit des autres Ministères, et répondre à n'importe quel profane qui s'adresse
«à lui...»

Ceci n'est pas une œuvre d'imagination. C'est ce qu'a vu à Washington un écrivain
digne de foi [1].

Nous n'en sommes pas encore là, il s'en faut.

Actuellement, le Ministère de l'Agriculture est installé dans un immeuble ancien
composé d'un hôtel et de dépendances construits sur un terrain mesurant 11.000 mètres
environ, comportant 5.000 mètres de constructions.

La surface de terrain inutilisée est très grande; elle est due à la mauvaise distribu-
tion des bâtiments, conséquence d'une destination donnée à un immeuble construit
pour une affectation différente. Des transformations successives et des constructions
ont été entreprises au fur et à mesure des besoins nouveaux, conçues au jour le jour,
sans plan d'ensemble.

En temps de paix, des annexes furent installées en dehors du Ministère pour remédier à l'exiguïté des locaux; depuis la guerre, d'autres annexes, nombreuses et importantes, ont été créées pour les besoins des services de guerre, dont certains subsisteront une fois la paix signée. Si on pouvait additionner les surfaces occupées par
les locaux de la rue de Varenne avec ceux installés au dehors, on trouverait au total
une surface employée considérable.

Cependant, il a paru possible d'installer avec aisance et suivant une conception
moderne, dans une surface réduite, tous les services anciens et nouveaux de l'Agriculture sur un terrain ne dépassant pas 5.800 mètres et comportant environ 4.500 mètres
de construction.

L'immeuble doit être conçu et ordonné de telle sorte qu'il permette d'obtenir, d'une
part, un rendement de travail maximum, et, d'autre part, de rendre au public,
c'est-à-dire au monde agricole, le maximum de services dans le minimum de temps.

Dans le plan projeté, le rez-de-chaussée comprend un grand hall d'environ 45 mètres
sur 20, dont une partie est occupée par un bureau de renseignements comportant
8 guichets, un pour le Cabinet et les 7 autres pour les Directions générales et
Directions.

[1] Voir CAMBON: *Notre avenir. L'Administration devant le Pays.*

Au rez-de-chaussée également, et en communication directe avec le hall, se trouve une grande bibliothèque de 45 mètres sur 25, avec salle de lecture, bureau de traductions, et bureau de rédaction des publications éditées par le Ministère de l'Agriculture. La Bibliothèque comprend en outre le service des archives, et l'ensemble de tous les services installés dans ses locaux constitue un véritable Office d'informations documentaires.

Au pourtour de la bibliothèque, une vaste galerie donne accès à des bureaux ou cabinets de travail réservés aux Présidents et Rapporteurs des Commissions d'Agriculture des deux Chambres, aux membres du Parlement et à ceux des sociétés savantes qui auraient à poursuivre des études au Ministère ; dans cette même galerie s'ouvrent les salles des commissions de l'Agriculture du Sénat et de la Chambre.

Enfin, il existe également au rez-de-chaussée une salle de réunions ou de conférences, pouvant contenir deux cents personnes.

En sous-sol, sous la bibliothèque, est prévue une grande salle pouvant contenir environ 1,500 personnes, pour congrès, démonstrations cinématographiques, etc.

Aux quatre coins du hall du rez-de-chaussée, des ascenseurs ou monte-charge.

Au premier étage, le Cabinet du Ministre et les Services qui y sont rattachés, ainsi que le Cabinet du Directeur général de l'Agriculture et les bureaux de la Direction générale. Des bureaux sont réservés aux Directeurs appelés à conférer avec le Ministre ou le Directeur général.

Tous les cabinets, salons et bureaux sont desservis par des galeries-musées, c'est-à-dire pourvues de vitrines ou de meubles permettant d'exposer des spécimens, des modèles, etc.

Au second étage, les services de la Direction de la Production agricole, avec laboratoires et galeries-musées, et salles pour les comités.

Au troisième, la Direction du Génie rural et de l'Aménagement des eaux, installée de façon analogue à la Direction de la Production.

Au quatrième étage, la Direction des Services économiques et sociaux, avec bureaux pour les sociétés d'agriculture, syndicats, etc.

Au cinquième, la Direction de l'Enseignement agricole, des Recherches scientifiques et de la Répression des Fraudes, ainsi que la Direction générale des Forêts et la Direction des Haras.

Au sixième, des réfectoires, salles à manger, magasins pour la coopérative du personnel, des cuisines, et des chambres à coucher pour les fonctionnaires de service la nuit, ou de passage à Paris.

Il ne doit pas être prévu d'appartement privé pour le Ministre.

Évidemment un tel plan demande à être étudié. Mais plutôt d'attendre pour le réaliser qu'il soit devancé par les circonstances et ne puisse avoir, par suite, tous les bons effets immédiats qu'on en peut espérer, il paraît préférable d'en poursuivre dès à présent l'exécution, pour que le monde agricole en puisse profiter dans un avenir très prochain.

Plus que jamais il sera indispensable, après la guerre, lorsqu'une réforme aura été reconnue utile, de consentir tous les moyens nécessaires à sa pleine réalisation, et de se garder surtout des économies mal entendues qui nous ont valu un tel retard sur les autres pays dans bien des domaines, et qui, à force de rendre impossible tout progrès, finiraient par devenir ruineuses.

*
**

Pour réaliser intégralement et avec continuité le programme agraire exposé en tête du présent projet, et pour appliquer les réformes administratives proposées, d'importants crédits devront être, à des titres divers, demandés au Parlement.

D'ores et déjà, ces demandes de crédits peuvent être divisées en deux catégories :

Celles qui n'intéressent que le Ministère de l'Agriculture, sa réorganisation intérieure et extérieure, en un mot, son adaptation immédiate au programme agraire; ces demandes sont dès à présent à l'étude.

Celles qui, relatives aux fonctionnaires et à leur statut, sont susceptibles d'intéresser tous les Départements ministériels. Celles-ci sont disjointes, car elles doivent être examinées par ces départements, au cas où il apparaîtrait au Gouvernement qu'une formule unique fût préférable.

Assurément, l'ensemble des crédits des deux catégories sera considérable. Mais lorsque des idées nouvelles viennent à la lumière, lorsque les dures et douloureuses leçons de l'adversité les ont mises dans l'esprit de tous, lorsque même les hommes de tradition s'en font les apôtres, parce que leur expérience et leur bonne foi leur en ont fait reconnaître la justesse, il faut que le grand mouvement qui est ainsi créé soit servi par de grands moyens.

Ce que nous donnons à la terre, elle nous le rend au décuple. Dans sa générosité, elle produit inlassablement, sans s'épuiser, lorsqu'elle est aux mains d'un travailleur qui l'aime et qui la soigne comme il l'aime. Par un heureux retour des choses, c'est de cette vérité, remise en honneur, que va sortir la renaissance agricole de la France car suivant la promesse d'un adage rustique : *à qui sème bien, la récolte est belle.*

Et la France a besoin d'abondantes récoltes.

[illegible] [illegible] [illegible] [illegible] [illegible]
[illegible] [illegible] [illegible] [illegible] [illegible]
[illegible] [illegible] [illegible] [illegible] [illegible]
[illegible] [illegible] [illegible] [illegible] [illegible]
[illegible] [illegible] [illegible] [illegible] [illegible]
[illegible]

[illegible] [illegible] [illegible] [illegible] [illegible]
[illegible] [illegible] [illegible] [illegible] [illegible]
[illegible] [illegible] [illegible] [illegible] [illegible]
[illegible] [illegible] [illegible] [illegible] [illegible]
[illegible] [illegible] [illegible] [illegible] [illegible]
[illegible]

[illegible] [illegible] [illegible] [illegible] [illegible]
[illegible] [illegible] [illegible] [illegible] [illegible]
[illegible] [illegible] [illegible] [illegible] [illegible]
[illegible]

[illegible] [illegible] [illegible] [illegible] [illegible]
[illegible] [illegible] [illegible] [illegible] [illegible]
[illegible] [illegible] [illegible] [illegible] [illegible]
[illegible] [illegible] [illegible] [illegible] [illegible]